Never sell your saddle –
or your dreams

MANUELA HANDKE

NEVER SELL YOUR SADDLE — OR YOUR DREAMS

Vom Fallen, Aufstehen
und Ankommen –
meine Geschichte

KOSMOS

Mehr entdecken, mehr verstehen

DAS KOSMOS VERSPRECHEN

Expertenwissen seit 1822

Welches Thema dich auch begeistert – auf unsere Expertise kannst du dich verlassen. Und das schon seit über 200 Jahren.

Unser Anspruch ist es, dich mit wertvollem Rat zu begleiten, dich zu inspirieren und deinen Horizont zu erweitern.

BEGEISTERUNG DURCH KOMPETENZ

Unsere Autorinnen und Autoren vereinen professionelles Know-how mit großer Leidenschaft für ihre Themen.

WISSEN, DAS DICH WEITERBRINGT

Leicht verständlich, lebensnah und informativ für dich auf den Punkt gebracht.

SACHVERSTAND, DEN MAN SEHEN KANN

Mit aussagestarken Fotos, Zeichnungen und Grafiken werden Inhalte besonders anschaulich aufbereitet.

QUALITÄT FÜR HEUTE UND MORGEN

Dafür sorgen langlebige Verarbeitung und ressourcenschonende Produktion.

Du hast noch Fragen oder Anregungen?
Dann schreibe uns: kosmos.de/servicecenter

INHALT

Du kannst alles im Leben verkaufen.
Nur niemals deinen Sattel. Oder deine Träume.
Meine Geschichte vom Fallen, Aufstehen
und Ankommen.

Vorweg:
Ich glaube, mit dem Leben ist es wie mit dem Reitsport.
Man landet ab und an einfach im Sand. Ungebremst.
Das Geheimnis dahinter ist wohl, das Gesicht dabei nach oben zu strecken und sich, sobald man seinen Körper wieder spürt, abzuschütteln und wieder aufzusteigen.
Und weiterzumachen.

In diesem Sinne: cool bleiben, einreiten und bei X – halten und grüßen.

KAPITEL 1

DER SCHWERSTE ABSCHIED

Es ist einer dieser märchenhaften Sonnenaufgänge in den Bergen hinterm Haus, die die Welt in warmes Zauberlicht tunken und den Himmel in hunderten Tönen von Rosa erstrahlen lassen. Ich stehe an der bodentiefen Fensterfront in der Küche meines neuen Einfamilienhauses und schaue hinter zur Ranch, die am Fuße der Berge von den ersten Sonnenstrahlen geweckt wird.

Ich wünschte mir, mein Herz hätte getanzt, wie es das sonst an solchen Tagen tat, die nach heiler Welt und rosarotem Leben auf dem Ponyhof rochen. Aber mein Kopf ist müde. Meine Seele leer. Und mein Herz, das ist schwer wie Blei. Mein kleiner Pferdestall „im Garten" hinterm Haus, meine kleine „Ranch", wie ich sie liebevoll nenne, ist eigentlich nur einen Steinwurf entfernt.

Und trotzdem fühlt es sich an, als wäre ich meilenweit weg. Meilenweit weg – genau wie der Geruch von „Zuhause".

Mein Körper tut weh und vom Sturz hat er einige Prellungen und blaue Flecken davongetragen. Die Kopfschmerzen lassen nicht wirklich nach, aber immerhin weiß ich heute Morgen wieder, wer ich bin, und dass meine Costi nicht davongelaufen, sondern im Himmel ist.

Und ich weiß, dass der Schlag mitten ins Gesicht am Abend kein Traum war, sondern die bittere Realität. Und dass er nicht viel Positives für mich oder die Erholung nach meiner Gehirnerschütterung gebracht hatte. Ich drehe mich um und sehe auf das Schlüsselbrett neben der Haustür. Es ist leer.

Mein Schlüssel steckt hinten in der Garagentür, durch die ich mehrmals täglich rüber zu den Pferden gehe. Ich spüre, wie mir ein eiskalter Schauer den Rücken hinunterläuft, der mir den Magen zusammenzieht, als würde man ein Handtuch auswringen.

Er war wirklich nicht nach Hause gekommen.

Apples Wiehern holt mich aus meinen Gedanken. Es war Zeit, die Pferde rauszubringen. Also stelle ich meine leere Kaffeetasse weg, ziehe mir meine kuschelige Fleecejacke über den Schlafanzug, schlüpfe in meine Schlappen und gehe hinter zum Stall.

Apple steht schon draußen auf ihrem Paddock und ihr fuchsrotes Fell funkelt in den letzten, leisen Strahlen der Septembersonne. Sie schaut mir direkt entgegen – sie weiß nämlich, dass ich direkt neben ihnen lebe und immer auf dem Weg zu ihnen bin, sobald ich aus der Garagentür hinten trete und in meine „Pferdeschlappen" neben der Tür schlüpfe. Und wenn man so will, starrt sie zu den Futterzeiten die Garagentür beharrlich so lange an, bis sie sich öffnet.

Daneben grummeln mir die Shetties Honeybunny und Sissifee entgegen, die sich eine Paddockbox neben Apple teilen, weil die beiden seit über 10 Jahren nun schon beste Freundinnen sind und damit schlichtweg unzertrennlich.

Ich hatte die beiden zotteligen Bärchen aus schlechten Händen eines Pferdehändlers frei gekauft und zu mir geholt, als die kleine Sissi ein verkommener, trauriger und unfassbar schlecht gehaltener Jährling und Honey eigentlich als „nicht händelbar" und lungenkrank und damit auf dem Weg zum Metzger war. Das hat auch mich zu ihrer besten Freundin gemacht und uns im Ergebnis alle drei einfach nur glücklich.

Daneben steht Caprice, eine große, sanftmütige Schimmelstute. Meine kleine Ranch, das sind insgesamt drei Paddockboxen in einer Reihe, daneben ein akzeptabel großes Heulager und eine kleine Sattelkammer. Ein Sandplatz, der mir gelegentlich Platz zum Reiten bietet, aber eigentlich viel mehr ein befestigter Auslauf für die Pferde für die nassen Herbst- und Wintermonate ist, und im Anschluss daran eine große, gerade Koppel, die den Pferden täglich die Möglichkeit bietet, einfach mal „Pferd" zu sein und ordentlich pesen und galoppieren zu können, völlig frei.

Keine klein aufgeteilten Parzellen mit Einzelhaltung, wie es in der Sportanlage der Fall war, die Costi und ich (und daneben circa 40 weitere hochpreisige Sportpferde) über Jahre hinweg unser „Zuhause“ nannten. Sondern eine große Fläche für eine kleine Herde … MEINE kleine Herde. Eine, wie ich glaube, recht glückliche.

Eine Fläche, die auch bestimmt nicht gesperrt wurde bei Regenwetter. Oder sonst irgendwelchen Bestimmungen unterlag, die wenig im Sinne der Pferde waren – zum Glück unterlagen die Bestimmungen hier nämlich endlich nur noch meinen Richtlinien der Pferdehaltung. Und die richteten sich primär und über allem nach dem Wohle der Pferde.

In ihrer „Rente“ – so hatte ich es Costi immer felsenfest versprochen – machen wir beide uns ein schönes Leben. Gemeinsam. Zuhause. Hinterm Haus.

Der Weg hierher war alles andere als einfach.

Aber meist lohnt es sich, durchzuhalten. Zu kämpfen.

Und so sind wir am Ende wirklich gemeinsam nach Hause gefahren.

Mein Herzenspferd und ich. Auf UNSERE eigene, kleine Ranch im Bayerischen Wald.

Und so gehe ich den kurzen Schotterweg vom Hinterausgang der Garage, die mit dem Haus verbunden ist, hinter zur Ranch, genau wie heute Morgen, nun schon seit 3 Jahren mehrmals täglich – tatsächlich. Und nicht mehr nur in meinen Träumen.

Die Pferde hatten schon eine Weile Heu in den Boxen gemümmelt und ich mache ihnen noch Heunetze für den Tag auf der Koppel fertig und fülle das Wasser draußen auf. Es ist nochmal so ein richtig schöner, trockener Herbsttag heute. Und obwohl nicht mehr viel Gras steht, sollen die Pferde den Tag draußen so lange wie nur möglich genießen, bevor sie abends dann zurück in ihre Paddockboxen gehen.

Beim Misten der Boxen spüre ich meine Schmerzen an Kopf und Körper sehr deutlich, die sich ihren Weg über die Wirkung der Schmerztabletten, die ich heute Morgen noch eingenommen hatte, hinweg bahnen. Aber Pferde zuhause hinterm Haus und in Eigenregie … – die hat man nun mal nicht nur an den guten Tagen. Sondern auch an den schlechten. Und am Wochenende und an Feiertagen. Man hat sie entweder ganz. Oder gar nicht.

Also beiße ich die Zähne zusammen und ziehe den heutigen Stalldienst durch. Wie jeden vorhergehenden auch. Zweimal täglich, morgens und abends. Und auch zwischendurch, wenn ich sehe, dass die Pferde etwas brauchen.

Zum Glück ermöglicht mir meine Selbstständigkeit die Möglichkeit, viel von zu Hause aus zu arbeiten und unabhängig zu sein, auch, wenn sie noch in den Kinderschuhen steckt. Ich war mutig und habe nach meinem Jurastudium am Ende doch meine Leidenschaft zum Beruf gemacht. Und so verdiene ich mein Geld heute damit, als Tierfotografin Herzensmomente zwischen Vierbeinern und ihren Menschen für die Ewigkeit festzuhalten, anstatt mich vor Gericht pausenlos über die Probleme fremder Menschen zu streiten. Das entspricht viel mehr meinem Naturell und dem, wie ich mein Leben nun mal verbringen möchte: draußen in der Natur, als „Macherin" und nicht an einem Schreibtisch.

Nun aber zurück zu meinen Pferden. Sie sind so ehrliche, treue, wunderbare Wesen. Sie haben es verdient, dass ich ihnen ihr allerschönstes Leben bereite. Gerade heute bin ich aber trotzdem froh, dass ich den Pferdemist nicht mehr wie in meinen Anfängen hier auf der Ranch von Hand schubkarrenweise über den angrenzenden Feldweg hinten zum benachbarten Bauern bringen muss, der ihn für mich entsorgt. Sondern dass das mittlerweile mein klitzekleines Quad mit diesem kleinen Mistanhänger aus Plastik hinten dran übernimmt, den man zwar nicht kippen kann, sondern von Hand ausschaufeln muss, was aber trotzdem eine unheimlich schöne Erleichterung für mich darstellt.

Während ich also, nachdem ich die Boxen sauber gemacht und Heu gefüttert habe, mein Quad starte und den Mist wegbringe, sausen meine drei Chihuahuas James, Emma, und seit kurzem auch die kleine, schokobraune Lotti (sie suchte ein Zuhause, nachdem sie aufgrund ihrer schlappen Ohren wertlos für die Zucht geworden war, und ich habe ihr eines geschenkt) neben mir her und haben die Freude ihres Lebens dabei, mit mir und dem Quad um die Wette zu pesen. Ihre großen Ohren wackeln im Wind und es sieht aus, als würden sie fröhlich lächeln und mir sagen: „Wir sind für dich da, was auch kommt!" Quer über die Koppel und rauf aufs benachbarte Stoppelfeld. Und wieder zurück zu mir und neben mir her. Sie sind noch alle jung und tragen so viel Lebensfreude in sich. Die kleine, pummelige Sissifee, das braun-weiß gestrohmte Farbwechslerpony, kommt auch ein paar Galoppsprünge am Zaun entlang mit uns mit. Und so schenken meine Tiere mir heute doch noch ein kleines Lächeln, während ich mit Tränen in meinen Augen ganz genau auf die Zeilen dieses Liedes höre, das mich so sehr berührt:

„Kept on the inside and no sunlight
Sometimes a shadow wins
But I wonder what would happen if you
Say what you wanna say
And let the words fall out
Honestly I wanna see you be brave
I just wanna see you
I just wanna see you
I just wanna see you
I wanna see you be brave“

(„Brave“ von One Voice Children's Choir, im Original von Sara Bareilles)

Während ich den Pferdemist vom Anhänger schaufle, fühle ich eine unglaubliche Angst in mir aufkommen. Und trotzdem weiß ich, dass mir nichts anderes übrig bleiben wird, als tapfer durch diesen in mir aufziehenden, dunklen Sturm zu gehen.

Zurück im Haus mache ich mir noch einen Kaffee und setze mich an den Tresen in der Küche. Ein Fotokunde wartet auf die Bilderauswahl aus dem vergangenen Hunde-Shooting, also mache ich mich an die Arbeit, während ich von dort aus die Pferde im Blick habe und die Hunde neben mir genüsslich ihre kleinen Kaurollen abknabbern.

Ich versuche mich abzulenken, meinen Alltag zu bewerkstelligen – aber in den vergangenen Tagen ist einfach so viel passiert. Ich werde eine Weile brauchen, um das in meinem Herzen alles aufzuarbeiten.

„Bestimmt braucht er die einfach auch. Zeit. Er wird nach Hause kommen“, beruhige ich mich, nachdem mein ungutes Bauchgefühl sich zu Wort meldet. Er war so stolz, als er nach dem Baumarkt zu mir in die Küche kam und wir gemeinsam den richtigen Grauton für die Fugen der Fliesen im überdachten Hauseingang vorne an der Haupthaustür unseres Hauses ausgesucht haben. Das war das letzte To-do, nachdem die Fliesen gelegt wurden. Jetzt war unser selbst gebautes Haus endlich fertig. Genau wie der Stall daneben.

„Wir haben das schönste Haus im ganzen Ort! Nie mehr möchte ich es missen!“ – Ich sehe sein breites Grinsen noch ganz genau vor mir, als wir auf der Terrasse standen und darauf angestoßen haben. Danach kam Corona und damit eine schwierige Zeit auf uns, genau wie auf alle anderen Menschen, zu. Aber auch schwere Zeiten übersteht eine Ehe, wenn sie glücklich ist. Oder?

Ich nahm einen Schluck Kaffee und mir wurde bewusst, dass ich den ganzen Tag über nichts gegessen hatte. Eine ganze Weile war das nun schon so, dass ich wenig zu mir nehmen konnte, keinen Appetit hatte und damit auch einfach oft vergaß zu essen. Und das, obwohl ich es normalerweise liebe zu essen. Aber seit diesem einen Abend ist alles anders.

14 Tage zuvor:

Ich stand am Tresen meiner offenen Küche und schälte Zwiebeln für die Tomatensoße. Hunger hatte ich auch da schon keinen, aber wenn mich etwas vielleicht zum Essen überzeugen konnte, dann waren es Spaghetti mit Tomatensoße. Diese Liebe zu „Spaghetti Napoli" war für mich, ähnlich wie die Liebe zu den Pferden, von Kindesbeinen an in meinem Herzen – und ich denke, daran wird sich niemals nie etwas ändern.

Zudem war ich ja auch nicht alleine und mein Mann hatte nach einem langen Tag Hunger. Wenn er zuhause war, aßen wir immer abends gemeinsam. Und eine Portion Pasta mit einem Glas Wein dazu – vielleicht konnte mich das aus meinen Gedanken holen. Vielleicht zumindest für eine ganz kurze Zeit.

Es kam nicht oft vor, dass ich jemanden bat, den Dienst bei den Pferden für mich zu übernehmen. Ich nahm diese Verantwortung, genau wie die damit einhergehende Verpflichtung Lebewesen gegenüber, immer sehr ernst – und außerdem machte mich die körperliche Arbeit an der frischen Luft draußen glücklich, meinen Kopf frei, und ich mochte es, das unmittelbare Ergebnis meiner täglichen Arbeit zu sehen. Ich machte es wirklich von Herzen gerne, auch nach drei Jahren ohne jede Pause.

Aber nicht heute. Ich hätte definitiv besser zu einem großen Glas Wasser gegriffen. Aber ich kippte die kleine Tablette einfach schnell mit einem großen Schluck Wein hinunter. Es hatte niemand gesehen und die Hunde, die wie ein Schatten neben mir standen, würden es keinem erzählen.

Ich schaute aus dem Fenster hinter zu den Pferden. Sie standen auf dem Paddock vor ihrer Box, weil sie es gewohnt waren, dass es von dort aus nach dem Abmisten des Stalls abends noch eine Karotte zusammen mit dem Gute-Nacht-Gruß „Ciao Mäuse, bis morgen!" gab. Quasi ein Betthupferl für jeden. Unser tägliches Ritual.

Es war ein ungewohntes Bild, heute in der Ferne drinnen nur am Herd zu stehen und meinen Mann das erledigen zu sehen. Um ehrlich zu sein, war das auch so gar nicht seine Welt – dass wir so lebten, wie wir lebten, das war immer MEIN Traum.

Und er tat es für mich. Also, vorausgesetzt er war zuhause. Sein Beruf brachte viele Reisen mit sich und ich habe das im Austausch dazu immer akzeptiert, ohne es zu hinterfragen. Das war unser „Deal". Ich war also sehr froh, dass er das heute alles für mich übernahm. Heute konnte ich nicht. Ausnahmsweise. Es war, als würde mich alles daran hindern, den Weg hinten aus der Garage wie gewohnt rüber zu den Pferden zu gehen. Wie ein Felsbrocken standen meine Beine angewurzelt und ganz schwer am Herd, von dem aus ich alles im Blick hatte.

Als er fertig war mit dem Stall und die Karotten verteilt hatte, blieb er ganz vorne in der Box bei Costi auf dem Paddock stehen und ging zu ihr. Er kraulte sie am Hals und dabei schaute er ihr ganz fest in die Augen. Ich konnte das alles so genau sehen, weil Costi die erste Box gehörte, die am nächsten am Haus und damit an mir war.

„Er verabschiedet sich!" Die Tränen liefen wie Bäche über meine Wangen und natürlich vergaß ich die kochende Soße, die sich heiß spritzend überall auf dem weiß gekalkten Holzboden verteilte und mich wach rüttelte, als sie mit einem heißen Spritzer meinen Zeh erwischte.

Abwechselnd wischte ich mit einem Küchentuch über mein verheultes Gesicht und den rot verschmierten Boden. Die Hunde halfen mir wie immer, wo sie konnten, und leckten fleißig drumherum. Als alles wieder sauber war, nahm ich nochmal einen großen Schluck Wein und als mein Mann in die Küche zurückkam, bedankte ich mich für seine Hilfe.

„Lass uns essen, morgen geht es früh los." Und ich wünschte mir, dass der nächste Morgen niemals anbrechen würde.

Geschlafen hatte ich keine Minute, aber zumindest wirkten die Beruhigungstabletten und ich bekam meine unkontrollierten Heulkrämpfe unter Kontrolle. Gut, unter Kontrolle ist vielleicht zu viel gesagt. Und zu sachlich. Noch nie zuvor in meinem Leben habe ich so einen bitterlichen, tiefen Schmerz verspürt. Alles in meinem Inneren war schwarz und ich wollte einfach nur weinen und schreien.

Aber NEIN. Das ging nicht. Aus zwei Gründen. Zum einen machen diese Tabletten, die mir in meiner Verzweiflung vor ein paar Tagen mein Hausarzt an die Hand gegeben hatte, als ich ihn um Hilfe bat, etwas ganz „Komisches" mit mir. Ich spüre den Schmerz, die Verzweiflung, das NEIN-schreien-Wollen … Aber es ist, als würde ich von außen auf mich schauen und das Ganze einfach nur emotionslos, vernünftig und sachlich begleiten und kontrollieren können.

Und zum anderen musste ich stark sein. Ausnahmslos. Ich war es ihr schuldig. Ich wusste, dass dieser Tag irgendwann kommen würde. Und wir werden diesen Weg gemeinsam gehen, bis zum Ende.

Am Morgen dann lag ihr Pass schon bereit – aber ich brauchte einen Moment. Eigentlich war es jetzt Zeit für die Pferde, um auf die Koppel zu gehen. Und durch die Fensterscheibe in der Küche sah ich, dass sie schon auf mich warteten. Ich stand wie angewurzelt und erinnerte mich zurück. Zurück zu glücklicheren Zeiten.

3 Jahre zuvor war es ebenfalls ein Tag im September wie der heutige. Ich war damals auch schon ganz früh wach. Es war noch dunkel draußen, aber ich konnte nicht länger warten. Und während der Rest der Welt noch schlief, schlich ich mich im Schlafanzug runter in die Küche, schaute mit Freudentränen durchs große Fenster hinter zu Costi und den Ponys und ging durch die Tür hinten an der Garage, neben der ich aufgeregt am Abend zuvor schon meine Schlappen für den nächsten Morgen parat gestellt hatte.

Wochenlang … jahrelang … nein, ich glaube schon immer … hatte ich auf diesen einen Tag gewartet. Und jetzt war er tatsächlich da. Mein Herz tanzte vor Freude und ich hörte es inmitten dieser friedlichen Stille ganz laut klopfen, als ich barfuß in den Schlappen den kurzen Weg über den Kies hinter zu den Pferden schlich. Costi hatte mich gehört und kam neugierig nach draußen auf ihren Paddock. Und als sie mich erkannte, grummelte sie mir ein leises „Guten Morgen" zu, das auch ihre Shetty-Freunde Honeybunny und Sissifee nebenan aufmerksam machte. Apple und Caprice gab es damals noch nicht in unserem Leben. Es waren nur meine Costi, die Ponybären und ich.

Ich griff nach der Heugabel und flüsterte ihnen zu: „Guten Morgen meine drei Mäuse, frisches Heu kommt gleich!" Und dann kullerten große Freudentränen über meine Wangen, während ich im Schlafanzug neben ihnen im Stall saß und ihrem zufriedenen Heumümmeln zuhörte. Nichts auf der Welt bringt so viel Frieden und Freude in mein Herz, wie das stille Heumümmeln der

Pferde inmitten einer eigentlich viel zu lauten Welt. Und nichts auf der Welt hat sich jemals mehr nach Zuhause für mich angefühlt.

Wir sind wirklich zuhause. Gemeinsam am Ende eines großen Lebenstraums angekommen. Und heute war der erste gemeinsame Morgen von „für immer". Der allerschönste Tag.

Ich hatte es meiner Costi immer versprochen, und all die Jahre während unserer gemeinsamen Zeit im Sport wusste ich, dass einmal der Tag kommen würde, an dem es an mir lag, ihr Danke zu sagen für diese gemeinsamen Tage im Sattel. Dass es einmal meine Zeit sein würde, ihr zu danken. Ihr etwas zurück zu geben für diesen Ehrenplatz auf ihrem Rücken, der mich über Jahre hinweg zum glücklichsten Pferdemädchen dieser Welt gemacht hat.

„Costi", mit vollem Namen „Lacoste pour femme", war dieses EINE Pferd in meinem Leben. Dieses „once in a lifetime horse" & „one in a million". Sie war eine 175 cm große, dunkelbraune, imposante, wunderschöne Warmblutstute. Wie gemalt … mit so viel Ausstrahlung. Ein geduldiger Professor. Und meine allerbeste Freundin.

Immer, wenn mich jemand fragte, ob dieses tolle Pferd mein Pferd sei, dann wurde ich vor Stolz immer mindestens 10 cm größer. Und ich beantwortete diese Frage immer mit einem JA, das mir ein Grinsen ins Gesicht legte wie nichts anderes. Doch nach nur acht gemeinsamen Jahren im Reitsport musste ich sie aufgrund einer Erkrankung der hinteren Fesselträgerschenkel in die Frührente entlassen. Ironischerweise pünktlich zu dem Jahr, in dem meine kleine Ranch fertig wurde, in die eigentlich zuerst die Ponys ziehen sollen und Costi erst IRGENDWANN später.

Aus irgendwann später wurde gleich. Und der Umstand, dass ihr Alterswohnsitz gerade fertig geworden war, erleichterte uns den Abschied aus dem Sport um einiges. Wir würden nun zwar nicht mehr gemeinsam Springreiten. Aber dafür gemeinsam leben. Was nochmal so viel mehr wert war.

Die Tage zuhause vergingen wie im Flug und unser gemeinsames, glückliches „Für immer" sollte an diesem Morgen, 3 Jahre später, in einem Abschied für immer enden.

Wir hatten den ganzen Sommer über gekämpft, um das eigentlich Unumgängliche zu umgehen. Beziehungsweise um uns zumindest noch ein kleines bisschen mehr gemeinsame Zeit zu verschaffen.

Gemeinsam im Sattel gab es uns schon lange nicht mehr. Aber das war egal, so lange wir uns immerhin hatten. Ich hatte keine Kosten und Mühen gescheut, um ihr noch so lange wie möglich medizinisch zu helfen, ihr ein lebenswertes Rentnerleben auf der Wiese zu ermöglichen. Sie war erst 18 Jahre alt und hatte noch so viel vor sich. Aber es war die Zeit gekommen und ihre Beine konnten allmählich nur noch schwer ihr riesengroßes Herz tragen.

Beide Fesselträgerschenkel hinten waren durch eine genetische, chronische Problematik „durchlöchert" und so senken sich ihre Fesseln unwillkürlich immer weiter Richtung Boden. Bevor sie durchbrechen, müssen wir handeln, um ihr drohendes, unendliches Leid zu ersparen. Und bei einem unserer letzten Spaziergänge entlang des Sonnenblumenfeldes am Feldweg hinter der Ranch haben mir ihre Augen gesagt, dass es Zeit ist.

Mein Magen zieht sich erneut zusammen und ich spüre, wie durch die dicke Fleecejacke hindurch der kalte Schweiß meine Achseln hinunterläuft. Ich schaue auf die Uhr. Ich muss los.

Also packe ich den Pass in meine Jackentasche und schlüpfe in feste Schuhe, die ich, genau wie vor 3 Jahren, vor Aufregung schon am Tag zuvor am Ausgang bereitgestellt habe. Die Stallschlappen bleiben heute stehen. Für diesen steinigen Weg heute braucht es mehr Halt.

Langsam … aber beständig … Schritt für Schritt … ging ich auf sie zu. Sie wieherte mir freudig entgegen, wie sie es jeden Morgen tat. Und ich spürte, wie mein ohnehin schon gebrochenes Herz ein weiteres Mal in tausend Einzelteile zersplitterte. NEIN, schrie eine Stimme ganz laut in mir – und doch nahm ich sie nur beiläufig wahr, während ich wusste, was zu tun war.

Ich schluckte. Blieb ganz ruhig. Gab ihr Sicherheit und wie jeden Morgen ein Bussi auf ihre große, weiche Nase. Sie sollte keine Angst haben und mir vertrauen, wie immer. Ich nahm ihr Halfter vom Haken. Das schöne braune Lederhalfter mit dem pinkfarbenen Herz und der Aufschrift „Herzenspferd" darauf. Ein allerletztes Mal.

Und schaute in ihre treuen und so müden schwarzen Augen.

„Komm mein Mädchen, heute gehst du auf eine andere Koppel. Eine, auf der es keine Schmerzen mehr gibt. Und du kannst mit ganz vielen Freunden da oben dann endlich wieder ganz frei galoppieren. Mit der himmlischen Herde, die mit jedem Wind auf Erden vorbeigaloppiert. Das wird schön, ich verspreche es dir. Es wird alles gut.

Irgendwann sehen wir uns wieder und erzählen uns dann alles, wenn du am anderen Ende des Regenbogens auf mich wartest. Und bis dahin vergiss nicht, niemals … ich hab' dich lieb.“

Und dann gingen wir los. Noch einmal vorbei an Caprice, ihrer allerbesten Pferdefreundin, der großen Schimmelstute. Und den Shetties, ihren zwei kleinen beständigen Wegbegleitern. Das Grummeln des Abschieds habe ich bis heute in meinen Ohren. Obwohl es ganz leise und friedlich war … hat es große Spuren hinterlassen.

Zurück zuhause sah ich, dass alles sauber und ordentlich war und die Ponys und die Schimmeline ganz entspannt auf der Koppel grasten. Sie kannten es, dass ein Pferd aus der Herde auch mal weg war zum Training und das ging immer ganz problemlos. Und außerdem, da bin ich mir sicher, wussten sie es. Dass wir nicht zum Training los sind … sondern um Costi endlich ihre Schmerzen zu nehmen. Sie hatten mitbekommen, dass Costi lange schon nicht mehr fit war. Sie war nicht mehr mitgelaufen. Sie hatte es ihnen ganz deutlich gezeigt. Genau wie mir.

Mama war da und hat sich um die Pferde gekümmert. Zum allerersten Mal ohne Papa an ihrer Seite. Der war nämlich an meiner gewesen. Ich bestand darauf, mit Costi alleine zu gehen. Nur wir beide, wie wir es die vergangenen 10 Jahre immer gehandhabt haben. Wir konnten nämlich alles alleine gemeinsam bewältigen.

Papa wusste das. Aber mit ein bisschen Abstand … hatte er mir trotzdem den Rücken gestärkt.

Der nächste Morgen war der schlimmste meines Lebens. Ich ging rüber zur Ranch, die Pferde füttern. Und meine beste Freundin kam nicht aus ihrer Box, um mich zu begrüßen. Obwohl daneben die Ponys sofort zur Stelle waren und auch die große Schimmeline mir ein herzliches „Guten Morgen“ entgegengrummelte, war alles, was ich fühlte, eine grauenhafte Leere und Kälte.

Jetzt konnte ich mich endgültig nicht mehr kontrollieren und ich schrie ganz laut auf. Und weinte, lange und bitterlich, ohne aufhören zu können.

An diesem Morgen holte die Realität mich ganz böse ein. Sie war nicht mehr da. Und nach all den Jahren war ich alleine. Nicht tatsächlich – aber im Herzen hat es sich so angefühlt. Als hätte sie meine Pferdemädchen-Seele für immer „mit nach oben“ genommen.

Ich wollte mir Zeit geben, bis meine Apple, der kleine, kecke französische Fuchs, nach Hause kam und ihren Platz füllen durfte.

Sie stand zum Training in der Anlage, die ich gemeinsam mit Costi immer unser Zuhause vor ZUHAUSE nannte. Caprice war mit den Ponys zuhause auf der Ranch im „Rentnerparadies" und Apple in der Reitsportanlage, damit wir reiterlich ein bisschen weiterkommen durften. Und dort war sie auch sehr gut aufgehoben.

Die Leute dort waren nicht „irgendwer", sondern Freunde, denen ich meine Pferde schon Jahre, jahrzehntelang, anvertraute – und zuhause konnte ich gar nicht die Möglichkeiten bieten, wie man sie zum sportlich ambitionierten Reiten eigentlich braucht.

Vor allem nicht im anstehenden Winter im Bayerischen Wald. Mit bergeweise Neuschnee über Nacht. Bitterlich kalten, langen Wintern. Und keiner eigenen Reithalle. Und trotzdem war mir klar, dass wir Apple heimholen werden. Weil ich das anders nicht ertragen konnte. Zurück im Haus hatte ich total vergessen, dass ich ja verabredet war, und schaffte es gerade noch rechtzeitig, mich fertig umzuziehen – raus aus den Stallklamotten. Ein eher seltenes Pferdemädchen-Phänomen.

Zu sehr war ich in Gedanken versunken, bis mich das Klingeln an der Haustür mit einem Ruck zurück in die Realität katapultierte.

„Oh Shit, Lena ist schon da! Wo ist eigentlich mein Rucksack? Habe ich überhaupt einen?" Vom Haus ihrer Eltern aus waren es nur wenige Meter zu Fuß zu mir.

„Können wir los?" Sie wusste, dass wir erstmal nicht darüber sprechen werden. Sie wollte einfach nur da sein. Mich als meine beste „Menschen-Freundin" auffangen, jetzt, wo ich meine beste vierbeinige Freundin verloren hatte. Sie hatte nichts mit Pferd vier Wochen lang gemeinsam durch Australien. Sie kannte mich durch und durch und wusste, dass DIESE Last der größte und schwerste Brocken in meinem Leben werden würde. Ich brauchte keinen eigenen Rucksack. Sie hatte alles eingepackt und an alles gedacht. Schokolade, eine Brotzeit, Wasser, eine Picknick-Decke, Taschentücher.

Wir gingen wandern. Auf den Berg, auf den sie als begnadete Wanderin und als waschechtes „Draußenkind" immer ging, wenn sie ein bisschen atmen musste. Also genau immer dann, wenn es für mich eigentlich zu den Pferden ging. Um auf unseren Heimatberg im Bayerischen Wald zu wandern, den

Lusen, mit knapp 1400 Metern den fünfthöchsten Berg im Bayerischen Wald, gibt es grundsätzlich zwei Möglichkeiten.

Eine einfache Tour auf festen Wegen, die man beispielsweise auch als ungeübter Wanderer oder auch mit einem Kinderwagen managen kann, oder die sogenannte „Himmelsleiter". Ein direkter „Weg" hoch zum Gipfel, der mit einem Weg bergauf durch den Wald beginnt und in eine Art steiler Steinwand mündet, die man dann treppenartig hochsteigt. Dabei überwindet man auf ungefähr 3,5 Kilometern Länge 350 Höhenmeter, bis man oben am Gipfel ankommt, der vollständig mit Granitblöcken bedeckt ist.

Und genau für diese Himmelsleiter entschieden wir uns. Das war anstrengend für Menschen wie mich, die nicht unbedingt viel wanderten … Aber es war genau richtig, weil es sich wirklich anfühlte, als würde man über die großen Steinstufen hinweg hoch in den Himmel klettern. Mit jedem Schritt und Tritt spürte ich diese schwere Last auf meinem Herzen, die mich gefühlt immer zurück nach unten zog und sich irgendwann, als ich keine Kraft mehr hatte, in ganz ganz vielen Tränen entlud.

Ein Mann kam uns entgegen und fragte, ob er uns helfen könne. Aber Lena versicherte ihm, dass wir beide das schon schaffen würden, und nahm mich ganz fest in den Arm. Ihr zuliebe habe ich auch ein bisschen was gegessen, als wir am Gipfelkreuz ankamen. Nicht, weil ich Hunger hatte oder gar Appetit. Sondern weil sie sich so eine riesengroße Mühe für mich gemacht hatte.

Wir saßen lange da und schauten über die vom Borkenkäfer leergefegten Baumkronen und das Meer an Steinen hinweg in die Ferne und redeten ganz viel. Wenn sie immer schon eins konnte, das sonst nur sehr wenige Menschen bei mir können, dann war es das, die richtigen Fragen zu stellen. Danach gingen wir den einfachen Weg zurück ins Tal.

Der Tag mit ihr tat mir unendlich gut und ich habe ihr auf dem Weg nach unten versprochen, diese Tabletten nun wieder wegzulassen, von denen sie von Anfang an nicht viel hielt. Wir waren uns einig, dass der schwerste Tag geschafft war und sich der Rest schon regeln wird, nach und nach. Vor meiner Haustür nahm sie mich zum Abschied nochmal in den Arm, bevor sie wieder zurückfuhr.

Wir würden uns ein Weilchen nicht sehen, weil sie genau wie ich mutig genug war, ihrem Herz zu folgen und ihre Träume zu jagen, und nun nach einem abgeschlossenen Studium doch noch ihren Traumberuf erlernte. Um Hebamme zu werden, ging sie erstmal weit weg von zuhause.

Zum Zeitpunkt unseres Abschieds an meiner Haustür ahnten wir beide noch nicht, was kommen sollte.

KAPITEL 2

WIE MIT PAPA & OPA ALLES BEGANN

Jetzt erstmal alles auf Anfang und damit zurück in die Vergangenheit.

Um zu verstehen, wie alles begann. Und wer ich überhaupt bin. Und was mich zu der gemacht hat, die ich heute bin.

Ich komme aus einer „Pferdefamilie" und man kann durchaus behaupten, dass mir dieses Pferdemädchen-Gen mit in die Wiege gelegt wurde. Man stellt sich diese typischen Pferdefamilien ja immer sehr wohlhabend vor. Familien, in denen das große Geld von Generation zu Generation vererbt wird. Und damit auch die Leidenschaft zu diesem „Elitesport". Mit teuren Pferden im Stall und einer komfortablen, meist eigenen Reitanlage im Familienbesitz. Mit edlen, top ausgebildeten Reitponys, auf denen schon die Kleinsten unter den Adleraugen guter Trainer anständig reiten lernen. Damit sie später im großen Sport erfolgreich sind.

Also SO war das bei uns sicherlich nicht. Mein Opa väterlicherseits hat die Liebe für die Pferde zuerst an meinen Vater – und schließlich auch an mich weitergegeben. Aber mein Opa hat immer hart arbeiten müssen, um das Geld für diese zauberhaften Tiere auftreiben zu können, die uns alle so sehr in ihren Bann ziehen, dass wir unser letztes Hemd für sie geben würden – obwohl oder gerade deshalb, weil ein Großteil von uns eben einfach nicht der reichen obersten Schicht angehört. Mein Opa kam zwar für damalige Zeiten aus guten Verhältnissen. Mit einer eigenen kleinen Landwirtschaft, die ihm im Endeffekt auch die Möglichkeiten bot, später dann Pferde am Haus halten zu können …

Aber es war auch so, dass sein Vater sehr früh einen plötzlichen Herztod starb und er mit 16 Jahren als ältester Sohn die Verantwortung für die Familie übernehmen musste. Und damit endete die unbeschwerte Kindheit ebenso spontan wie ein weiterer schulischer Werdegang.

Er kaufte sich also ein Kaltblut, mit dem er tagein, tagaus im Wald arbeitete und Bäume riss. Dieses Pferd war nicht sein Sportpartner für die Freizeit, sondern sein treuer Arbeitskollege, mit dem er hart arbeitete. So konnte er Geld für die Familie verdienen und Zeit mit seinem Pferd verbringen; dem, wie er immer sagte, „besten, verlässlichsten und ehrlichsten Arbeitskollegen". Kurz und knapp: seinem besten Freund.

Irgendwann, als beide sehr viel gearbeitet hatten, musste Opas bester Freund und Arbeitskollege zuerst in die Rente auf der Wiese und dann irgendwann in den Himmel verabschiedet werden. Das war der Zeitpunkt, an dem mein Opa sich als junger Erwachsener zunächst schwersten Herzens von den Pferden verabschiedete. Das Leben forderte zu dieser Zeit einfach zu viel von ihm und er musste einsehen, dass es erstmal ohne ein Pferd an seiner Seite weitergehen musste.

Er hatte mit seiner Ehefrau, meiner geliebten Oma, zwei Kinder bekommen und ein Haus gebaut. Und er war als LKW-Fahrer in die Firma seines Bruders eingestiegen. Das Leben ging weiter, wenn auch anders … und so vergingen einige, viele Jahre.

An einem Sonntagmorgen im Mai wachte mein Opa Fritz früh morgens auf. Draußen zwitscherten die Vögel, und während der Frühling in vollem Gange war, wurde ihm bewusst, wie schön das Leben auf dem Land, zuhause, fernab der viel befahrenen Straßen und der anstrengenden Arbeitswoche im LKW, die hinter ihm lag, doch eigentlich war.

Während meine Oma vorne in der Küche schon Frühstück für die Familie zubereitete und meine Tante Hannah (ihre kleine Tochter) rausgeschickt wurde, um die Hasen und den Schäferhund der Familie zu füttern, stand mein Opa an der offenen Schlafzimmertür auf dem Balkon seines Hauses. Von hier aus beobachtete er seine Tochter draußen im Garten bei den Tieren. Und daneben auch das große, leere Stallgebäude unterhalb einer großen Wiese, die an den Garten seines Hauses angrenzte. Sein Herz wurde etwas wehmütig. Wie all die Jahre, die vergangen waren, immer mal wieder, wenn er auf den Pferdestall blickte. Das Stallgebäude stammte aus der kleinen Landwirtschaft seines Vaters damals. Und es war auch jenes, in dem vor langer Zeit sein bester Freund und Arbeitskollege, das Kaltblut, zuhause war.

Er vermisste ihn. Und den Geruch von Pferden in der Luft, der „Zuhause" symbolisierte. Egal wie glücklich er mit seiner Familie war, irgendetwas fehlte.

Plötzlich wurde er aber aus seinen Gedanken gerissen. Sein Sohn, mein Papa, Manfred, kam zu ihm ins Schlafzimmer gelaufen. Er war ganz aufgeregt. Sie hatten nämlich heute als Familie etwas Tolles geplant, einen Ausflug auf den Pferdehof von Freunden der Familie. Manfred liebte die Pferde. Genau wie sein Papa. Aber er kam viel zu wenig mit ihnen in Berührung. Und so konnte er es nicht abwarten, bis sie endlich losfuhren.

„Papa komm, Mama und Hannah warten schon am Frühstückstisch. Wir müssen doch gleich los!"

Als sie das Auto neben den Koppeln der Pferde parkten, fingen Papas Augen an zu funkeln. Als Junge liebte er natürlich motorisierte „Dinge" wie Traktoren, Autos und Fahrräder, die sie alle zuhause in der Garage stehen hatten. Aber mindestens genauso sehr liebte er Pferde, die ihn mit ihrer Kraft und Anmut auf der einen und ihrer liebenden Gutmütigkeit auf der anderen Seite einfach nur begeisterten. Er sprang aus dem Auto und stand sofort am Zaun, um in ihre großen, schwarzen Augen schauen zu können.

Und um die Ecke wartete schon Opas Freund mit seiner Ehefrau und zwei Shetties, die frisch gestriegelt und gesattelt startklar waren. Sie drehten eine Runde mit ihnen durch den Wald und während Papa durch die Ohren „seines" Fuchs-Schecken das Licht hinter den Bäumen funkeln sah, wurde ihm bewusst, dass wohl kein Fahrrad der Welt ihm je das gleiche Gefühl von Freiheit geben können würde, wie es der Platz auf dem Rücken eines Pferdes tat.

Zurück auf dem Pferdehof gab es Kaffee und Kuchen. Draußen auf der Terrasse, mit dem Geruch der Pferde in der Nase, schmeckte der Kuchen nämlich NOCH besser. Beim zweiten Stück Erdbeerkuchen verschluckte sich Papa, während er ganz große Ohren bekam.

„Max & Moritz", die zwei Shetties, mit denen sie eben im Wald waren, sollten verkauft werden. Und dann verschluckte er sich gleich ein zweites Mal, so sehr, dass die ein oder andere Erdbeere den Weg in die Nase fand und mit

Gepoltere wieder heraus kam, als er die Worte aus dem Mund meines Opas prasseln hörte, für die es kein Halten zu geben schien:

„Könnt ihr uns euren Pferdeanhänger leihen? Ich denke mit dem Preis werden wir uns einig. Es braucht einfach wieder Pferde bei uns zuhause. Wenn ihr einverstanden seid – dann kaufen wir sie und nehmen sie beide mit zu uns."

Meine Oma und ihre Tochter sahen sich etwas ungläubig an. Aber für die Männer der Familie gab es kein Halten mehr und erst recht kein Zurück. Eine Erstausstattung Stroh und Heu war genauso schnell organisiert wie der Transport. Und so kamen sie an diesem wunderschönen Sonntag im Mai zu viert auf einen Pferdehof – und fuhren am Ende zu sechst wieder zurück nach Hause.

Papa blieb lange bei den beiden Ponys unten im Stall und streichelte über ihre weichen Nüstern, während Max und Moritz genüsslich ihr Heu mümmelten, das Opa ihnen in der großen, dick eingestreuten Box serviert hatte.

Der Stall war endlich wieder mit Leben gefüllt. Und im Herzen meines Opas begann sich ein dunkler, trauriger Teil nach so langer Zeit endlich wieder mit Licht zu füllen.

„Manfred, was hältst du davon, wenn einer der beiden dir gehört?"

„Ehrlich, Papa?"

„Ja, ehrlich."

Mein Papa hat sich für „Max" entschieden. Den kleinen, kecken Fuchs-Schecken, auf dem er zuvor schon durch den Wald geritten war. Er liebte nämlich seine kurzen Ohren, die nach „Schlawiner" aussahen.

„Moritz" hat Papas Cousin Frederik bekommen. Auch von seinem Vater, dem Bruder meines Opas mit der LKW-Firma, bei dem mein Opa arbeitete. Sie wohnten gleich direkt nebenan. Und so haben die Jungs gemeinsam hoch und heilig versprochen, sich gemeinsam mit meiner Oma um die Ponys zu kümmern, während die Männer unter der Woche LKW fahren mussten.

Meine Tante Hannah war erleichtert, als sie davon gehört hatte. Kurz hatte sie Angst, sie würde „Moritz" bekommen … obwohl sie gar nicht mit ganzem Herzen zur Stallarbeit oder gar der Reiterei aufgebrochen wäre.

In diesem Punkt war sie nämlich ganz anders als mein Papa. Pferde waren „ok" für sie. Das war es damit dann aber auch. Immerhin hatte sie ja auch schon zugesagt, sich um die Hasen und den Hund der Familie zu kümmern.

Das musste reichen. Mein Papa und sein Cousin verbrachten von nun an jede freie Sekunde mit ihren Ponys. Und wie sich herausstellte, konnten Max und Moritz nicht nur geritten werden, sondern auch Kutsche fahren. Also kauften die Familien den beiden eine kleine, sehr feine Ponykutsche und die beiden geschäftstüchtigen kleinen Jungs machten ein „Business“ daraus.

Immer sonntags spannten sie gemeinsam ihre Ponys ein. Ihr Weg führte sie im Dorf den Berg hoch ins „Feriendorf“ – einem beliebten Urlaubsort für Familien aus Berlin im Bayerischen Wald. Von dort aus durften Urlaubskinder eine Runde mit meinem Papa und Frederik auf der Kutsche drehen. Eine Runde ging dabei vom Parkplatz aus bis vorne zum Wetterkreuz, ca. 500 Meter hin und dann auch wieder zurück.Und kostete pro Kind eine Mark. So haben die beiden ihr Taschengeld aufgebessert und konnten den Ponys am Ende dann mal ein neues Halfter oder eine schöne neue Trense kaufen.

Meine Tante, Hannah, wollte nicht auf eine Aufbesserung ihres Taschengeldes verzichten, nur weil sie auf ein eigenes Pony verzichtet hatte, und war damit auch Teil der kleinen „Firma“. Sie kam sonntags immer mit und hat die Kasse der Jungs verwaltet oder die wirklich kleinen Kinder auf die Kutsche gehoben, die es nicht alleine schafften. Sie wollte zwar eigentlich nicht jeden Sonntag bei Wind und Wetter draußen mit den Pferden verbringen. Dafür aber durchaus auch am „Umsatz“ der Kinder beteiligt werden. Und so hat auch sie einen Anteil von jeder Mark bekommen, während die Jungs ihre Runden drehten.

Die Entscheidung, wieder Pferde auf den Hof zu holen – auch wenn es „nur“ Ponys waren –, hat nicht nur die Kinder damals sehr glücklich gemacht. Sondern auch meinen Opa. Er blühte immer mehr auf, und das wiederum hat meine Oma sehr glücklich gemacht. Sie liebte das Funkeln in seinen Augen, wenn er nach langen Arbeitstagen und -wochen zurück in seinem Element war, zuhause bei der Familie und den (kleinen) Pferden.

Und daher entschied sie sich gerne dazu, zuhause die zusätzliche Verpflichtung mit der Stallarbeit neben den Kindern und dem Haushalt auf sich zu nehmen, während mein Opa LKW fuhr. Mein Opa war meist lange und oft von zuhause weg. Um seinen Hals trug er dabei immer eine goldene Kette mit einem steigenden Pferd als Anhänger. Sie war sein Markenzeichen und erinnerte ihn daran, wofür er das alles machte, wenn er weit weg von zuhause war. Ganz nah an seinem Herzen daran, wofür es schlug.

Je mehr Zeit verging, je mehr mein Opa arbeitete, umso mehr Geld konnte er sich nach und nach auch zur Seite legen. Und irgendwann reichte es tatsächlich für ein weiteres Pferd. Diesmal aber ein „Richtiges". Ein Großes. Ein Pferd eben. Eines für ihn. Er hat seinen besten Freund und Arbeitskollegen aus seiner Kindheit und Jugend nämlich nie vergessen können. Und auch nie die Begeisterung für diese großen, schweren Kaltblüter verloren, obwohl er sich lange Zeit nur mit Shetties für die Kinder „begnügen" musste.

Eines Wochenendes fuhr er also los und kaufte sich ein Belgisches Kaltblut. Mit langer, wallender Mähne und ordentlichem Behang. Als er es vom Anhänger lud, half ihm mein Papa natürlich. Die zwei waren ein eingespieltes Team und machten in den Sommerferien auch immer das Heu für ihre Pferde gemeinsam selbst. Mit anzupacken war für meinen Papa immer schon selbstverständlich. Und so beobachte er, während das Kaltblut langsam die Rampe hinunterging und er daneben aufpasste, dass keiner daneben trat, wie der Opa sich heimlich eine Freudenträne aus den Augen wischte.

Er sagte nichts, weil er wusste, dass sein Papa kein Freund großer Gefühle war. Gefreut aber hat er sich doch sehr für seinen Papa. Und auch ein bisschen für sich selbst. Von nun an konnten sie nämlich gemeinsam ausreiten gehen.

Die Jahre vergingen und irgendwann verbrachten die Shetties ihre Sonntage lieber gemütlich grasend auf der Wiese statt vor eine Kutsche gespannt.

Und mein Papa wurde größer und älter und wollte bei den „Wettrennen" beim Ausritt am Samstag im Gelände gegen seinen Papa und das Kaltblut eine fairere Chance haben als auf dem Rücken seines mittlerweile doch schon älteren und damit auch gemütlicheren Freundes Max. Also fuhren mein Papa und mein Opa irgendwann gemeinsam auf einen Pferdemarkt. Diese Märkte waren damals gang und gäbe – am Marktplatz sammelten sich Pferdemenschen und hatten ihre Verkaufspferde dabei. Das war immer ein großes Getümmel. Hier legte man damals wenig Wert auf große Papiere und detaillierte Ankaufsuntersuchungen, bei denen das Pferd einmal auf links gedreht wird. Man schaut eher, was einem gefällt, wirft einen Blick ins Maul, checkt, wie lang die Zähne sind, und damit auch, ob man dem Verkäufer mit der Altersangabe zum entsprechenden Pferd zumindest halbwegs vertrauen kann, und nimmt das Pferd dann einfach mit nach Hause, wenn alles passt.

Und so kam es, dass Papa und Opa mit einem schicken Welsh Pony, einer Schimmelstute namens „Laila“, nach Hause kamen. In Papas Augen dem sportlichsten aller Ponys auf dem ganzen Markt. Und jetzt seinem. Er war mächtig stolz. Und hängte tatsächlich gleich beim ersten Rennen mit Laila am Wochenende den Opa mit seinem Kaltblut ab, der ohne Sattel fast aus der Kurve gesegelt wäre und nach vorne zu meinem Papa rief, er soll bitte langsamer machen, weil er ohnehin gewänne.

Auch darauf war mein Papa mächtig stolz. Und er ist es heute noch, wenn er die alten Anekdoten erzählt, die ihm jedes Mal wieder ein Lächeln ins Gesicht zaubern. Als mein Papa die Schule beendet hatte, hörte er auf zu reiten. Den Pferdestärken ist er treu geblieben, aber auf eine andere Art und Weise. Er hat eine Ausbildung zum KFZ-Mechaniker gemacht und dabei auch die Liebe seines Lebens kennengelernt. Meine Mama, Gabi, die im gleichen Betrieb wie er ihre Ausbildung im Büro gemacht hatte.

Die beiden haben geheiratet und sind in eine eigene Wohnung gezogen, die aber im Haus meiner Großeltern war. So konnten sie vorerst Geld ansparen für später dann einem eigenen, wunderschönen Haus. Und eine eigene KFZ-Werkstatt, die mein Papa als KFZ-Meister betreiben würde. Und so konnte auch meine Mama als Mutter zweier Kleinkinder, mir und meiner kleinen Schwester Sabine, weiterhin im Büro arbeiten gehen, weil wir Kinder von der „Pferde“-Oma betreut werden konnten, die ohnehin auf dem Hof war. Meiner sogenannten „Tante Hanni Oma“. Abwechselnd aber auch von der anderen Oma, der Mutter meiner Mama. Der „Hauswald“-Oma. Von uns Kindern benannt nach ihrem Wohnort nicht weit von uns entfernt und doch irgendwo im Nirgendwo. Hauswald. Der Ort, der aus zwei Häusern bestand. In einem davon lebte sie gemeinsam mit ihrem jüngsten Sohn, meinem Onkel, und seiner Familie.

Meine Schwester liebte es dort. Wenn wir dort waren, konnten wir mit meiner kleinen Cousine spielen. Und mit ihren Hunden. Oder nebenan im Wald mit meinem Onkel Pilze sammeln gehen. Er ist bis heute der ungeschlagene Meister, wenn es darum geht, Steinpilze zu finden. Und so versorgt er uns noch immer alle mit den geliebten „Dowanigln“. Frisch, eingefroren oder getrocknet. Da bleiben keine Wünsche offen. Ich habe sehr schöne Erinnerungen daran – und trotzdem wollte ich nie lange von zuhause weg sein. Denn nur ZUHAUSE warteten die Pferde auf mich. Und die „Stalldienste“.

Während sich die Pferde meines Opas über die Jahre hinweg verändert hatten von Ponys und Kaltblütern hin zu edlen, großen, teuren Warmblütern ... blieb die damit verbundene Stallarbeit für meine Oma immer die gleiche, während auch später, als ich lange geboren war und mein Papa lange schon kein Pony mehr hatte, mein Opa noch den Großteil seiner Zeit damit verbringen musste, LKW zu fahren, um Geld für die Familie und die Pferde zu verdienen. Und so kam es, dass ich jeden Tag mit meiner „Pferde"-Oma mehrmals den Weg vom Haus an der Koppel entlang in den Stall ging. Ungefähr von dem Zeitpunkt an, als ich laufen konnte.

Das war meine liebste Zeit des Tages, wenn wir gemeinsam die Ställe misteten und die Pferde gefüttert haben. Und sie morgens raus auf die Koppel brachten und abends wieder rein. Ich hatte eine eigene, kleine, pinke Kinderschubkarre, mit der ich meiner Oma half. Daneben war ich aber auch mit meiner Sammlung „My Little Pony"-Spielzeugpferden ordentlich beschäftigt. Ich hatte sie in allen Größen, Farben, Rassen – und sorgte für ein Kind mehr als zuverlässig für sie. Immer wenn die großen, „echten" Pferde meines Opas auf die Koppel gebracht waren, wurden meine kleinen, bunten Gummipferdchen im Stall verteilt, nachdem der ordentlich gemistet war. Und wenn die großen Pferde zurück in den Stall gebracht werden mussten, hatten meine Gummipferde dann eben ihre Koppelzeit. Damit sie sich nicht vermischten, war das alles ordentlich durchgetaktet. Ich war nämlich wirklich schon als Kleinkind sehr zuverlässig und strukturiert – mit einem großen eigenen Kopf, was die Pferdehaltung betraf.

Im Nachhinein bewundere ich meine Oma für ihre Engelsgeduld mit mir – heute weiß ich nämlich, wie hart diese körperliche Arbeit und pausenlose Verpflichtung und Verantwortung hinter einem eigenen Pferdestall zuhause hinterm Haus wirklich ist. Und dass das nicht immer alles nur schön und einfach ist, wie es nach außen mit der Idylle des eigenen Hofes aber scheint.

Und wie sehr man wohl lieben und geduldig sein muss, dass man nicht nur die Arbeit mit den Tieren jeden Tag anstandslos und zuverlässig verrichtet, sondern daneben auch noch ein Enkelkind betreut, das sich durch nichts und niemanden davon abhalten lässt, mit dabei zu sein und „zu helfen".

KAPITEL 3

MEIN ERSTES PONY

Ich weiß nicht, wie oft mein Opa, wenn er an den Wochenenden zuhause und bei uns „Mädels" mit im Stall unten dabei war, wohl das Funkeln in meinen Augen sah. Bevor er eines Tages zu mir kam und meinte:

„Manu, hast du heute zwischen deinen Stallzeiten ein bisschen Zeit für mich? Ich möchte dir etwas zeigen."

Ich bin im Nachhinein ziemlich froh, dass ich das als verantwortungsbewusste circa vierjährige „Ponyhofbetreiberin" einrichten konnte – wir fuhren nämlich rüber in den Nebenort zu seinem Freund und dessen Pferden. Also auch einem Pferdemenschen aus unserem Heimatort, mit dem mein Opa immer am Wochenende gemeinsam die Pferde einspannte, ausreiten ging oder manchmal auch gerne auf den öffentlichen Reitplatz der Stadt – einen eigenen hatte er nämlich nicht. Genauso wenig wie sein Freund. Natürlich kannte ich sein Pferd „Amadeus", den großen Schimmel. Aber erst etwas später sah ich dann, was hinter dem großen Schimmel wartete: ein kleiner, brauner Shetland Pony-Hengst namens „Maxe".

Die genauen Details hinter dem Vorhaben weiß ich nicht mehr, ich war ja ein Kind. Aber die Antwort auf die Frage, ob ich den als MEIN Pony vielleicht gerne haben wollte, wusste ich!

Ja.

JA!

Der Opa und ich machten damals kein Trara aus unserem Pferdekauf, genauso wenig wie der Opa und der Papa damals. Keine großen Verträge oder noch größeren Ankaufsuntersuchungen. Wir gaben dem Toni, so hieß Opas Freund, dann nach dem Handschlag nur noch Bescheid, dass wir das Auto später abholen würden. Und der Opa da dann auch das Geld dabei hätte. Und ritten los. Einfach so! Ohne Sattel, nur am Strick und dem Halfter ritt ich auf meinem Pony nach Hause, während mein Opa mich sehr aufrechten Hauptes zu Fuß begleitete.

Das war damals ein so besonderes Ereignis in meinem Leben, an das ich mich bis heute ganz genau erinnern kann. Aber erst heute, wenn ich manchmal daran zurückdenke, wird mir bewusst, wie GROSSARTIG das von meinem Opa wirklich war. Einem Kind ein so besonderes Geschenk zu machen. Einem Kind eine solch grenzenlose Freude zu bereiten.

„Danke, Opa!", das sprudelte wohl ein paar Mal aus mir heraus auf unserem ganz besonderen Heimweg.

Am nächsten Tag fuhren mein Opa und ich dann ins Reitsportgeschäft. Das war gut eine Stunde Autofahrt entfernt und mein Opa nahm sich extra dafür frei. Wir brauchten nämlich einen Sattel. Und die Sattelsuche braucht Zeit, das kennen wir ja alle. Ich glaube, ich bin damals auf gut fünf Sätteln Probe gesessen auf einem Holzpferd im „Steigbügel", bis wir den richtigen für mich und mein Pony gefunden hatten.

Von da an verbrachte ich jede freie Minute im Sattel. Oder eher jede freie Minute meiner Eltern und Großeltern. Ganz alleine konnte ich das nämlich noch nicht. Während der Woche ritt ich oft mit meiner Oma und Maxe in den Wald. Pilze sammeln. Nach der Stallarbeit. Wir konnten das nicht so gut wie mein Onkel – aber manchmal brachten wir auch ein paar mit nach Hause. Und darum ging es uns auch gar nicht. Die Pilze waren eher ein positiver Nebeneffekt unserer Ponyzeit im Wald. Und am Wochenende nahm sich mein Papa immer Zeit, um mit mir am Sonntagmorgen auf dem leeren Aldi-Parkplatz (der war gleich ganz in unserer Nähe) reiten zu üben. Ich musste im Schritt Slalom um die Laternen reiten, um lenken zu lernen. Das war ein Spaß!

Im Winter haben wir Maxe oft vor den kleinen Holzschlitten gespannt. Der Papa und ich. Seit wir meine kleine Schwester Sabi dabei mal bergauf rückwärts hinten runter im Schnee „verloren" hatten, wollte sie nicht mehr mitkommen. Allgemein kam sie sowieso eher nach meiner Mama. Sprich: Die beiden sind von Natur aus eher keine „Pferdemenschen“ und hinterfragen diese Leidenschaft, die einen auch am frühen Sonntagmorgen bei Wind und Wetter nach draußen zieht, auch mal. Genau wie auch meine Tante damals schon. Das Pferde-Gen in sich zu tragen, ist ja nicht selbstverständlich – sondern etwas ganz Besonderes.

Meine Mama durfte mal auf einem Pferd meines Opas sitzen, als er am Zaun des Hauses entlang ritt und sie im Garten draußen war. Richtig geheuer war ihr die Sache nicht. Aber sie war damals noch sehr jung und die Neugierde bewog sie doch dazu, das Angebot anzunehmen. Sie hatte wohl zu viel Elan und Schwung mit in die Sache mit dem Aufsteigen auf ein 1.75 Meter großes Pferd gebracht. Und fiel auf der anderen Seite ungebremst wieder runter, während mein Opa das Pferd festhielt und nicht sie. Das blieb ein Leben lang ihr erster und letzter Versuch.

Aber zurück zu Papa und mir. Es war Volksfestzeit in meiner Heimatstadt. Meine komplette Kindheit und Jugend lang wohl die schönste Zeit des Jahres. Nicht nur für uns Kinder, sondern auch für alle Erwachsenen. Mein Opa ritt mit seinem Pferd „Sicka“ den Umzug mit. Fein herausgeputzt in schwarzem Jackett und weißer Schabracke. Natürlich war auch sein bester Freund mit dem Schimmel dabei. Und ein junges Mädchen namens Paula. Sie war ein gutes Stück älter als ich und half meinem Opa auch immer mit den Pferden. Das machte sie irgendwie zu meiner Freundin. Und als vor einer ganzen Weile eines der Fohlen meines Opas zum Verkauf stand – eine wunderschöne und unendlich brave, lackschwarze, kleinere Rappstute namens „Sissi“ – konnte sie ihren Papa überzeugen. Sie hat Sissi aber bei meinem Opa stehen und aufwachsen lassen und, als es so weit war, gemeinsam mit meinem Opa selbst eingeritten, und sie durfte auch nachher im Stall meines Opas bleiben. Heute würde man wohl sagen, sie war eine „Einstellerin“, aber damals gehörte sie einfach so gut wie zur Familie.

Als ich sah, wie edel ihre Sissi aussah, so fein herausgeputzt … pechschwarz und in der Sonne glänzend … während sie mit ihren langen, blonden Haaren stolz darauf Richtung Stadtplatz ritt neben meinem Opa her … wusste ich genau, wo ich hin will, „wenn ich auch mal so groß bin“. Bis dahin aber wollte ich natürlich auch auf dem Umzug mitreiten. Mit Maxe. Und Papa daneben, der mich führte.

Ich erinnere mich noch sehr genau daran, dass meine Mama als überzeugter Nicht-Pferdemensch für die Wahl meines Outfits zuständig war, und solange ich kein Rüschenkleid tragen musste (eine Prinzessin war ich auch damals schon nicht), war mir das relativ egal, was ich trug. Solange ich es auf meinem Pony tat und den Umzug neben Opa und meiner Freundin mitreiten durfte. Und so tat ich das am Ende auch.

In kurzer, schwarzer Radlerhose, einem ordentlichen T-Shirt und meinen schicken neuen Sonntags-Sandaletten anstelle von Stiefeln, während Maxe ordentlich gestriegelt seine schönste Lammfell-Schabracke unter seinem Sattel trug, die mein Papa selbst für ihn angefertigt hatte, weil es in dieser kleinen Größe damals nirgends eine zu kaufen gab. Immerhin aber trug ich eine Reitkappe. Maxe war nämlich als Shetland Pony-Hengst mit seinen jugendlichen fünf Jahren nicht ganz so entspannt wie die verlässliche große Sissi und wollte gerne vorzugsweise auf den Hinterbeinen den Stadtplatz hinunter entlang der Menschenmenge marschieren.

Ich hab' ihn geliebt, meinen kleinen, braunen, wilden Freund.

KAPITEL 4

DER UNFALL, DER ALLES VERÄNDERTE

Es war ein sonniger Sonntagmorgen im Sommer und der Opa ist ganz früh schon aufgebrochen. An den Wochenenden zuhause gab es für ihn kein Halten mehr und sie gehörten, wie soll's anders sein, den Pferden. Er war mit seinem Freund, dem Toni, verabredet.

Bevor es zum Reiten zu warm würde und die Bremsen zu schlimm, wollten sie sich am örtlichen öffentlichen Reitplatz treffen (den gab es damals noch bei uns am Rande der Stadt, gleich neben der Fläche, auf der auch das Volksfest immer stattfand). Sie hatten vor, ein paar Hindernisse aufzubauen und zu springen. Opas neues Pferd, die große, temperamentvolle, braune „Alexa" war wie gemacht dafür. Sie war nicht nur ein sehr sportliches Warmblut, sondern hatte auch das entsprechende „Go", das mein Opa bei Pferden so sehr liebte.

Die Sissi zum Beispiel fand er persönlich immer etwas „langweilig", weil sie trotz ihres jungen Alters definitiv der Kategorie „Lebensversicherung" angehörte. Was sie allerdings perfekt machte für das junge Mädchen. Aber nicht für Opa, wie er immer sagte – was am Ende auch der Grund war, weshalb er sie nicht einfach selbst behalten hatte. Eine Entscheidung, von der der Papa und ich heute noch sprechen und sie für den Opa bereuen. Das mag sich erstmal hart anhören, aber so ist es nun mal. Mit Sissi an seiner Seite wäre vieles wahrscheinlich anders gekommen. Aber man kann Vergangenes nicht ändern, und wir wissen ja alle, dass man im Nachhinein oft schlauer ist. Papa und ich wollten also damals auch gerade los, meinen Maxe putzen und satteln.

Ich hatte die Tage zuvor auf der zweiten großen Koppel vom Opa nämlich aus Ästen und kleinen Baumstamm-Abschnitten eine Dreierreihe „Cavaletti" aufgebaut. Die Koppel war schön gerade, aktuell abgefressen und damit ungenutzt und eingezäunt, sollte Maxe doch mal eine Runde schneller (zu schnell für mich) werden. Perfekt also. Außerdem hatte ich eine neue Freundin gefunden. Amelie. Ein Mädchen aus der Nachbarschaft, die etwas älter war als ich, aber trotzdem nicht zu alt, um mit mir und Maxe die Nachmittage verbringen zu wollen. Ihre Eltern konnten sich kein eigenes Pony für sie leisten. Und meine Eltern konnten, genauso wenig wie die Oma, jeden Nachmittag mit mir Ponyreiten gehen. Ganz alleine war ich (zumindest laut der Erwachsenen) noch nicht groß genug dafür. Und so verbrachten wir Mädchen viel Zeit gemeinsam mit Maxe. Und übten fleißig reiten.

Heute, am Sonntag, wollte ich Papa unbedingt zeigen, wie gut das mit dem Galoppieren über kleine Hindernisse schon klappt. Um damit vielleicht bald mit Opa auf den Reitplatz zu dürfen. Zum Springen. Während ich schon meine Stiefel anzog, klingelte das Telefon. Komisch, normalerweise klingelte das nie so früh am Wochenende, wenn Papa die Autowerkstatt geschlossen hatte. Wer das so früh wohl sein konnte?

„Wie steht es um ihn?" Ich sah, wie mein Papa kreidebleich wurde und es ihm die Tränen in die Augen trieb.

„Ok. Danke. Ich komme sofort."

Er legte auf. Er hatte noch ein Handtuch in der Hand, weil er aus dem Badezimmer gelaufen kam, als das Telefon klingelte. Daran kann ich mich bis heute ganz genau erinnern. Weil ich meinen Papa bisher nur zweimal bitterlich habe weinen sehen. Damals, als wir eigentlich reiten gehen wollten, nachdem er das Telefon aufgelegt hatte und die Tränen nicht mehr halten konnte, sodass er mitten in der Diele stehend bitterlich in dieses Handtuch weinte. Und das zweite Mal, als er Jahre später wieder ans Telefon ging, morgens, in der Diele unseres Hauses. Und Opa am Telefon war, um ihm zu sagen, dass Oma gestorben ist. Völlig unerwartet und viel zu früh. Über Nacht, mit knapp über 60 Jahren erst, an einem Herztod.

Als Papa sich damals wieder etwas gesammelt hatte und ich immer noch ganz still neben ihm stand, erklärte er mir, dass wir heute leider doch nicht mit Maxe reiten gehen können, weil wir gemeinsam mit Mama und Sabine ins Krankenhaus mussten. Weil Opa einen schweren Reitunfall hatte und dorthin gebracht wurde. Oma wäre auch schon dort. Aber Opa läge noch im OP, es stünde wohl nicht gut um ihn.

Alexa, Opas Pferd, ging es gut. Der Toni kümmerte sich in der Zwischenzeit bereits um alles, hatte sie gut heimgebracht und erklärte, was passiert war. Alexa scheute wohl, als ein Rettungswagen vorbeifuhr und direkt neben dem Reitplatz, der zwar abseits, aber doch immer noch im Stadtzentrum an einer Straße lag, das Blaulicht mit Sirene angemacht hatte.

Das ging alles sehr schnell und ein dummer Zufall kam zum anderen, weil Opa im Galopp gerade einen großen Oxer anreiten wollte, als Alexa sich erschrak, durchging, vor Panik kurz völlig außer Kontrolle geriet, sodass Opa am Ende ohne Pferd in hohem Bogen in die Stangen und Eisenständer des Hindernisses einschlug.

Bis zuletzt hatte mein Opa Metallplatten im Körper, die diesen zusammenhielten. Er hatte es geschafft und sich zurück ins Leben gekämpft. Und bis zuletzt trug er auch seine goldene Kette mit dem steigenden Pferd um seinen Hals. Aber er war nicht mehr derselbe. Der Unfall hatte ihn geprägt, er wollte aufhören zu reiten und alles verkaufen, und so kam der Tag, als die verkauften Pferde abgeholt wurden und seine geliebten Kutschen den Hof für immer verließen.

Paula hat Sissi zu sich nach Hause geholt. Und gemeinsam mit ihrem Vater wollte sie auch Opas geliebte, wunderschöne Kutschen in Ehren halten, mit denen sie so oft und so stolz mit ihm gemeinsam durch den Ort gefahren war.

Ich wehrte mich mit Händen und Füßen dagegen, dass MEIN Pony Maxe verkauft wurde und den Hof verließ, sprach mit niemandem mehr ein Wort – und er blieb auch bis zuletzt. Aber Opa wollte von den Pferden nichts mehr wissen, hatte das Grundstück der ehemaligen Koppel meinem Papa geschenkt, damit er mit Mama ein eigenes Haus darauf für uns bauen konnte. Er meinte es ernst.

Und kein Pony kann, soll und darf alleine ohne das richtige, artgerechte Umfeld gehalten werden. Sprich: ohne andere Pferde. Heute verstehe ich das.

Und auch, dass nicht nur sehr viele Rippen meines Opas damals gebrochen waren und Organe verletzt wurden – sondern allem voran sein Herz. Als Kind damals aber tat ich das nicht.

Ich ging durch die Hölle und mit mir mein Papa, der das alles für mich ja gar nicht wollte, aber nicht anders konnte. Dem ich aber die Schuld dafür gab, weil er es war, der vieles organisierte und am Ende auch meinen Maxe mit den Käufern gemeinsam in den Anhänger lud, während ich mich um die Ecke versteckt hatte, um alles beobachten zu können und bitterlich zu weinen. An diesem Tag wusste mein Papa endgültig nicht mehr, was er noch tun konnte, damit ich ihn nicht ein Leben lang dafür hasste – während ihn tief im Inneren die Schuldgefühle zu erdrücken schienen. Als ich abends im Badezimmer meine Zähne putzte, kam er zu mir. Wir setzten uns gemeinsam auf den Rand der Badewanne – an ihr tristes Beige kann ich mich auch bis heute noch genauso gut erinnern wie an unsere Abmachung an sich – und obwohl ich noch lange nicht wieder lächeln konnte, fing ich zumindest wieder an, ihn nicht vehement zu ignorieren, sondern stimmte zumindest nickend zu:

Wir wollten am nächsten Wochenende gemeinsam ins Tierheim fahren und ich dürfte mir einen Kater aussuchen. Einen neuen vierbeinigen besten Freund. Anders … nicht vergleichbar … aber immerhin. Ich mochte Katzen immer schon sehr gerne. Mein Papa dagegen mochte sie eigentlich nicht so sehr. Vor allem nicht IM Haus, was auch der Grund dafür war, weshalb wir zuvor keine Katze hatten. Aber er tat es für mich. Am Ende liebte er den Bubi, den großen, schwarzen Kater, der mit meiner Schwester und mir gemeinsam den ganzen Tag spielte und sich zu den Puppen meiner Schwester in den Kinderwagen legte, nachdem ich ihm mit genügend Leckerlis in der Tasche beigebracht hatte, im Garten von Hocker zu Hocker zu springen. Einen „Parcours".

Dass sich das alles so entwickelt hatte, haben wir der Mama zu verdanken. Als Bubi am Anfang zuhause sehr scheu und ängstlich war, hat sie sich abends oft lange mit uns Kindern vor den Schrank gesetzt, hinter dem er sich verkrochen hatte. Und uns erklärt, dass wir immer lieb mit ihm sprechen sollen und ihm gelegentlich ein Leckerli hinlegen. Dann würde er irgendwann hervorkommen, wenn er sich sicher fühlte. Und zuhause. Und das tat er am Ende auch. Natürlich zog der Bubi dann mit uns in unser neues Haus neben dem meines Opas ein, wo wir immer noch in der Wohnung waren, bis es fertig war. Und blieb bis zum letzten Atemzug bei uns.

KAPITEL 5

OHNE PFERDE, OHNE MICH

In den kommenden Jahren versuchte ich mich für Sportarten zu begeistern und Dinge, die Kinder in ihrer Freizeit, nachmittags nach der Grundschule, nun mal so machen. Badminton hielt ich dabei am längsten durch und ging, circa ein halbes Jahr lang war es glaube ich, einmal wöchentlich mit Vito, einem befreundeten Nachbarsjungen, zum Training in die örtliche Turnhalle. Wenn wir nicht gerade gemeinsam mit den anderen Nachbarskindern, seiner Schwester Ina, unserer direkten Nachbarin Juliane und meiner Schwester Sabine „Hundeschule" spielten. Wobei wir mit unseren Stoffhunden im Garten Hindernisse überwandten und Slalom-Parcours auf und ab gingen. Natürlich alle mit echten Halsbändern und Hundeleinen und Halstüchern ausgestattet.

Ich würde lügen, wenn ich sagen würde, diese Zeit war nicht auch wirklich schön. Aber trotzdem: Tief im Herzen habe ich all das niemals mit der gleichen Leidenschaft gemacht, wie morgens mit meiner Oma in den Stall zu den Pferden zu gehen. Meine Eltern versuchten eine ganze Weile, mich von den Pferden fernzuhalten und waren nicht wirklich traurig darüber, dass diese „Welle" erstmal zwangsweise abflachte – aber irgendwann bettelte ich mit allem, was ich hatte, um in diese eine Woche „Reiterferien" zu dürfen, die auf einem Pferdehof im Nachbardorf stattfand.

Ich hatte Lia überredet, auch mitzumachen. Ein Mädchen aus meiner

Klasse in der Grundschule, die eigentlich GAR nichts mit Pferden zu tun gehabt hatte. Nach zwei Tagen hatte sie keine Lust mehr, als wir von unserem zugeteilten Reitpony „Heidi" auf einen ca. 1.70 Meter großen Warmblut Wallach namens Aramis umsteigen sollten, der zwar herzensgut war, aber auch unsere Unsicherheit an der Hand sofort ausnutzte und uns auf dem Weg zur Koppel nach der Reitstunde erstmal durchs Gemüse und hohe Unkraut entlang des Feldweges zog.

Alleine war ich irgendwie unsicher, die anderen Kinder dort waren alle älter als ich, und so blieb ich am Ende dann auch lieber zuhause. Die Welt der großen Pferde war doch noch etwas zu groß für mich. Ohne meinen kleinen besten Freund Maxe.

In der fünften Klasse, nach der Grundschule, änderte sich alles. Der erste Tag auf dem Gymnasium war für mich angebrochen und ich war mächtig aufgeregt, da die Wege der Kinder aus der Grundschule sich teils trennten und die Karten in den neuen Klassen der unterschiedlichen Schulen völlig neu gemischt wurden. Ich saß in der Mitte von drei Reihen Schulbänken, in der zweiten Bank von vorne. Ich war immer schon sehr wissbegierig und vor allem zuverlässig, auf keinen Fall wollte ich etwas verpassen. Und neben mich setzte sich ein Mädchen mit schulterlangen hellbraunen Haaren. Sabrina, aber sie meinte, alle würden sie „Sabsi" nennen. Was deutlich besser zu ihren kecken Sommersprossen im Gesicht passte, wie ich fand. Von nun an gab es uns nur noch im Doppelpack und sie wurde meine allerbeste Schulfreundin. Ich glaube, das war Schicksal.

In der zweiten Schulwoche am Freitag konnte sie es nämlich nicht mehr abwarten, bis endlich die Glocke schellte und das Wochenende einläutete. Den ganzen Tag hatte sie mir davon erzählt, dass ihre Eltern sie nach der Schule heute mit dem Auto abholen würden, weil sie danach gleich weiterfahren wollten in den Stall. Ihr Pferd würde nämlich mit einem Transporter geliefert werden aus dem benachbarten Tschechien. Genau wie ihre große Schwester, die schon erwachsen war, liebte sie Pferde über alles, konnte schon richtig gut reiten und am Ende ihre Eltern überzeugen, die ihr einen jungen Traber gekauft hatten.

Braun war er, mit schwarzer Mähne und einer weißen Blesse. „Fast Dream" hieß er. Und er war wirklich richtig, richtig schnell. Das weiß ich noch alles so genau, weil ich ab da jede freie Minute mit ihr und „Dreamy" im Stall verbrachte, wo ich auch ihre Stallfreundin Nina mit „Hilly Billy" kennenlernte und am Ende eine Reitbeteiligung auf einem großen, fuchsroten, treuherzigen Warmblut namens „Monolitho" bekam.

Irgendwann kam noch ein Mädchen dazu, Stephy, die zur Reitbeteiligung auf einem Schimmel wurde. Wir vier wurden eine eingeschweißte Gruppe und verbrachten jeden Nachmittag nach der Schule, jedes Wochenende, alle Ferien gemeinsam – mit den Pferden. Meist lange ausreitend durch den Wald. Manchmal sogar ohne Sattel und dafür im Badeanzug, weil wir in die benachbarte Ilz (einem Fluss im Bayerischen Wald) reiten wollten, um dort mit den Pferden schwimmen zu gehen. Wir organisierten auch eigene Orientierungsritte. Das war wirklich eine ganz besondere, wundervolle Zeit und die bestimmt glücklichste und schönste Kindheit, die ich mir wünschen konnte.

So vergingen Wochen, Monate. Bei Sommer und Sonne – und Winter und Schnee. Es gab keine Ausrede und so fuhren mich Mama oder meist Papa, weil Mama nachmittags arbeiten war und Papa durch seine Selbstständigkeit und die Autowerkstatt direkt neben an zu uns Kindern und der Oma einfach immer irgendwie „verfügbar" war, täglich nach der Schule zum Pferd. Und es kam, wie es kommen musste. Die Besitzerin meines Reitbeteiligungspferdes verkaufte ihr Pferd und ich wollte ein eigenes. Mehr als alles andere auf der Welt. Und habe das so lange kundgetan und es mir zu jedem Geburtstag, Weihnachten, Ostern – bei jedem Marienkäfer, jeder Pusteblume, jeder Sternschnuppe gewünscht – bis Papa und ich eines (Sonn-)Tages im Auto saßen und ein Pferd anschauen fuhren.

Ich war damals 10 Jahre alt. Das ist unfassbare 28 lange Jahre lang her. Heute bin ich 38 und erinnere mich an diesen Tag, als ob es gestern gewesen wäre. Wir fuhren nicht etwa in eine schicke Sportanlage oder irgendetwas in dieser Richtung. Sondern zu einem niederbayerischen Pferdehändler, der immer mal wieder ein paar brave Haflinger zu verkaufen hatte. Das war nämlich die Preisspanne, in der sich Papas OK für mein eigenes Pferd bewegte.

Gina, die hübsche und vor allem sportliche Haflingerstute, in die ich mich damals auf Anhieb verliebt hatte, lag leider aber am Ende trotzdem über unserem Budget. Was aber nicht der Grund ist, weshalb ich mich heute noch so genau an diesen besonderen Tag erinnere. Es war das kleine, dunkelbraune Shetland Pony, das am Zaun angrenzend zu dem des Pferdehändlers damals graste und mich durch die Verkaufspferdeherde hinweg anschaute.

Plötzlich wurde es mir heiß und kalt, und während ich nicht kontrollieren konnte, dass die Tränen wie Bäche aus meinen Augen schossen, flüsterte ich ungläubig:

„Papa, da hinten steht der Maxe."

„Ach Manu, das ist bestimmt ein anderes kleines, braunes Pony ohne Abzeichen."

„Nein! Schau auf sein Ohr!"

Und dann wurde der Papa ganz still und grinste. Ebenfalls mit Tränen in den Augen und wackeliger Stimme. Kennt ihr das, wenn man sprechen muss und dabei zeitgleich aber einen aufkommenden Heulanfall unterdrücken muss, weil keiner merken sollte, wie gerührt man ist? Dann wackelt die Stimme so ganz eigenartig und das sagt eigentlich mehr als tausend Worte. Genauso wackelig war sie. Seine Stimme.

„Ja nein wirklich. Ich fasse es nicht. Das ist unser Maxe!"

„Weißt du noch, als er damals mit Opas Warmblütern auf der Koppel gespielt hat? Und er gestiegen ist, damit er den Wodka beißen konnte?" (Der Wodka war damals ein junger Warmblutwallach, den Opa mit Brandy gemeinsam für die Kutsche gekauft hatte).

„Ja! Das hat er auch geschafft! Und dann kam Brandy und hat den Maxe ins Ohr gezwickt. Und das blieb für immer an der Spitze gespalten!"

Und dann lachten wir aus tiefstem Herzen und marschierten los, unseren geliebten alten Freund begrüßen, den seine gespaltene Ohrenspitze für immer und ewig unverwechselbar machte.

Ja, Opa hatte damals wirklich mal zwei Wallache, die Brandy und Wodka hießen.

Bis heute die Lieblingspferde meiner Mutter, die sich auch heute noch über die Namen amüsiert und sie daher zu ihren Lieblingspferden gemacht hat, obwohl die beiden ihr durch ihre wilde Art des Spielens (Wallache halt) als Nicht-Pferdemädchen immer noch mehr Angst bereitet hatten als die im Vergleich dazu deutlich ruhigeren Stuten.

Genau wie ich war er älter geworden, mein Maxe. Aber es ging ihm blendend. Er hatte Ponyfreunde und ein liebevolles „Für-immer-Zuhause" gefunden. An diesem Tag fiel mir eine Last vom Herzen, die mich durch meine Kindheit begleitet hatte. Ich hatte mich so oft gefragt, wo er war und wie es ihm erging. Ihn glücklich zu sehen, machte auch mich unheimlich glücklich.

Auch wenn wir an diesem Tag ohne eigenes Pferd für mich wieder nach Hause fuhren.

Auf dem Heimweg fuhren wir an einem wunderschönen Hof mit Pferden vorbei. Sie grasten auf der Koppel und wurden eingerahmt von weißen Zäunen aus Holz, sodass man dieses Bild einfach genau wie es war an die Wand hätte hängen können. In der Mitte stand ein Haus. Es war etwas älter, wie das auf Höfen nun mal ist. Aber es war liebevoll renoviert und von vielen Blumen umgeben und an der Ecke gab es einen Bauerngarten. Die Kürbisse wucherten wild über den Zaun. Gerade das aber machte es nicht ungepflegt – sondern einfach perfekt. Am Zaun stand ein Hund und bellte zur Straße, und genau in dem Moment, als wir vorbeifuhren, sprang eine Katze aus dem Gebüsch und begrüßte den Hund. Es schien ihr Freund zu sein und sie freute sich, nach einem nächtlichen Streifzug wieder nach Hause zurück zu kehren.

„Irgendwann werde ich auch so leben. Genau so.", sagte ich zu Papa.

„Ach Manu, du bist ein Träumer!"

Mein Papa blinzelte vom Fahrersitz zu mir rüber und konnte es sich nicht nehmen lassen, dabei zu schmunzeln. Ich liebte ihn sehr. Aber diese Reaktion hatte ich so gar nicht verstanden. Also ließ ich es gut sein und drehte mich noch einmal nach hinten.

„Jetzt brauche ich erstmal ein eigenes Pferd. Und danach werden wir sehen!", flüsterte mein Herz.

Am Ende wurde mein erstes eigenes Pferd ein Appaloosa-Haflinger Mix namens Tarabas. Er hatte ein Herz aus Gold – aber leider ging unser gemeinsamer Weg nicht unendlich lange. Er war schon etwas älter, als wir ihn kauften, und am Ende stellte sich heraus, dass er Probleme mit dem Herzen hatte und zudem durch eine Krankheit namens „Mondblindheit" leider mit der Zeit erblindete.

Relativ früh also lernte ich, dass ein eigenes Pferd zwar unendlich viel Freude bereitet. Aber mindestens genauso viel Sorgen und Leid. Sowie manchmal einen großen Abschied für immer, der einem das Herz zerreißt.

Laska, eine große, braune Warmblutstute, löste ihn irgendwann ab. Und war mein Herz auf vier Beinen. Als wir sie abholten, war ich ungefähr 12 Jahre alt. Für mich glückliche Umstände führten Papa und mich auf unserer Suche nach einem neuen Pferd für mich zu einem älteren Mann, gar nicht mal so weit entfernt von uns. Der hatte ein Pferd, eine dunkelbraune, wunderschöne, sportliche Warmblutstute. Mit besten Papieren. Doppelt veranlagt für die Dressur und das Springen. Sie war gerade mal 8 Jahre alt und die Liebe seines Lebens. Aber er war mittlerweile zu alt geworden, um noch mit ihr durch den Wald zu reiten oder gar weiterhin auf dem Reitplatz zu trainieren. Seine Gesundheit bereitete ihm starke Probleme und alles, was er sich für sie wünschte, war ein fester Endplatz. Ein Zuhause, in dem sie geliebt wurde. Und nicht in den großen Sport getriezt. Und so passte er seine Preisvorstellung meinem (bzw. Papas) kleineren Budget an und machte uns damit alle unendlich glücklich.

Für meine Laska wäre ich durchs Feuer gegangen. Genau wie sie für mich. Wir heizten oft unbeschwert alleine durch den Wald und hatten dabei den Spaß unseres Lebens. Aber ich sah auch, was ich da für ein wundervolles Pferd an meiner Seite hatte. Und wollte für sie lernen, feiner zu reiten. Besser werden. Mich weiterentwickeln. Unser Stall war keine Sportanlage. Aber er hatte eine Reithalle. Und so suchte ich mir einen Trainer und lernte etwas „tanzen". In meiner damaligen Umgebung nicht so leicht, um ehrlich zu sein.

Und wohl immer noch meilenweit entfernt von dem, was man wirklich als anständige „Dressur" bezeichnen kann und würde. Aber am Ende reichte es für mein Reitabzeichen RA 5 (Dressur und Springen). Mit der niedrigsten Leistungsklasse und der damit verbundenen Erlaubnis, auf Turnieren in den Klassen E und A zu starten. Dafür hatte ich mir damals zum ersten Mal in meinem Leben eine weiße Reithose und ein Jackett gekauft. Und bin alleine weggefahren, um das Reitabzeichen zu absolvieren. Vorher hatte ich mir einen Kurs gebucht, der über eine Woche ging und mein Springreiten etwas verbesserte. Bei der Prüfung war ich so aufgeregt, dass ich mir den Parcours kaum merken konnte. Etwas, das sich, wie sich herausstellte, niemals legen sollte. Leider. Aber: Am Ende habe ich ihn gefunden und mein Abzeichen erfolgreich verliehen bekommen. Ohne großes Publikum.

Nur ich ganz alleine stand da und war stolz, dass ich das durchgezogen hatte, obwohl sonst keiner verstand, was ich in dem Freizeitstall meines Heimatdorfes eigentlich damit anfangen wollte. Damals war ich über 18, weil ich mich daran erinnere, dass ich mit meiner weißen Reithose an auf dem Heimweg noch bei McDonalds anhielt. Aber nicht durch den Drive-In fuhr, um mir was zu essen zu holen, sondern das Auto abstellte und drinnen bestellte und aß. Damit alle fremden und wahrscheinlich sehr wenig pferdeinteressierten McDonalds-Besucher sehen konnten, dass ich eine weiße Reithose trug. Und über beide Ohren grinste.

Laska war 10 Jahre lang an meiner Seite und keine Freundin war mir je so wichtig wie sie. Und trotzdem konnte sie meine Liebe am Ende nicht retten. Ich habe alles getan, um sie gesund zu erhalten. Aber ihre Fesseln litten unter einer (wohl) genetischen Problematik, die den Fesselträger immer wieder schädigte. Ihre Rente sollte sie auf einer geraden Weide und mit so wenig Rennerei wie möglich verbringen – und was sich so einfach anhörte, war in dem Stall, in dem wir standen, quasi unmöglich. Ich lag nächtelang wach und überlegte, was die Lösung sein konnte. Zuvor hatte ich nächtelang gegoogelt, über Wochen. Ob es eine Hilfe gab für ihre Problematik. Aber Tierärzte und Klinik sollten Recht behalten – und alles, was wir tun konnten, war am Ende unser Schicksal zu akzeptieren und ihr einen schönen Lebensabend zu bereiten. Auf dem Heimweg von der Klinik fiel Papa und mir auf, dass wir nach 10 Stunden auf den Beinen langsam doch Hunger verspürten (in der Mittagspause in der Klinik hatten wir keinen Bissen runter bekommen, weil wir so sehr hofften und bangten, sie überhaupt wieder mit nach Hause nehmen zu dürfen). Aber wir hatten sie dabei. Hinten im Anhänger.

Kurz vor Zuhause fuhr Papa rechts ran und ich holte uns zwei warme Leberkäse-Semmeln gegenüber in dem kleinen Kramerladen.

Und dann sagte ich zu ihm:

„Können wir sie nicht einfach wirklich NACH HAUSE holen?“

Wir müssten nur die Koppel pachten, die der Opa damals zusätzlich vom Nachbarn hatte. Auf seiner steht ja jetzt unser Haus und deine Werkstatt …“

Er hatte schon darauf gewartet und wohl schon länger den gleichen Gedanken wie ich. Nur war natürlich einige Zeit vergangen und aus Opas Hof wurde teils ja unser Wohnhaus und Papas eigene Autowerkstatt. Also mussten wir etwas improvisieren, aber das Wichtigste stand noch. Der Pferdestall. Und zwar unverändert. Am nächsten Morgen klingelte ich bei unserem Nachbarn und erklärte ihm die Situation. Und ich glaube, er hat sich ein bisschen gefreut, dass alles wieder werden sollte wie früher, als er meinte: „Ja, selbstverständlich! Du kannst natürlich die Koppel wieder eröffnen!“

KAPITEL 6

STALLTÜR AUF!

Gleich am nächsten Morgen gingen Papa und ich runter in den Stall. Ich hatte schwitzige Hände, als ich das große Tor öffnete, und es fühlte sich an, als hätte ich ganz viele Schmetterlinge im Bauch.

„Ich eröffne Opas Stall. Meinen Stall. Unfassbar!"

Es war alles ein bisschen eingestaubt. Aber die Heugabel stand einfach an die Ecke gelehnt. Als ob man sie morgens rechts neben sich stellt, weil man sie abends eh wieder braucht. Es hatte sich nichts verändert.Vor mir lag die große alte Holztreppe, die neben dem Hintereingang und den Boxen hoch ins Heulager führte. Papa stand neben mir. Und ich glaube, wir beide sahen im gleichen Moment vor unserem inneren Auge die Oma mit einer Schwinge voll Heu unterm Arm runter zu den Pferden gehen. Wie sie es immer tat. Jeden Tag. 365 Tage im Jahr. Im Sommer. Im Winter. Morgens. Abends. Glücklich und auch traurig. Kurz gab es uns beiden einen Stich im Herzen. Sie war viel zu früh von uns gegangen. Nachmittags hat sie noch Blumen gepflanzt in der Blumenampel am Balkon ihres Hauses, nachdem sie noch einkaufen war und Opa ein neues Paar schwarze Socken in seinen Schrank gelegt hatte. Abends ging sie ins Bett und ist nie mehr aufgewacht, mit nur 63 Jahren.

Nach der ersten Liebe seines Lebens, den Pferden, musste er sich auch schnell von der großen Liebe seines Lebens verabschieden, seiner Ehefrau.

Mein Opa. Das hatte ihn verändert. Es hatte ihn gebrochen. Ein bisschen griesgrämig war er immer schon. Vor allem auf Menschen, die keine Pferdemenschen waren. Aber von da an zog er sich immer mehr zurück.

Ich hatte einen besonderen Draht zu meinem Opa, wie ihn sonst keines seiner Enkelkinder hatte. Als ich ihm erzählte, dass ich den Stall gerne weitermachen und meine Laska heimhole möchte, meinte er, das wäre ok (er hatte in der Zwischenzeit die Gebäude fernab seines Wohnhauses an meinen Papa übergeben), und fragte mich nüchtern, ob ich nichts gelernt hätte aus damals und es immer noch nicht sein lassen würde.

„Das geht nicht, Opa, das weißt du."

Er nickte. Er wusste es. Und ich wusste, dass er sich freute, auch wenn er es nicht zeigen wollte. Immer, wenn ich später die Pferde an seinem Haus vorbei auf die Koppel brachte, winkte er mir zu. Und ich sah, dass seine Augen lachten, genau wie sein Herz. Auch wenn der Mund versuchte, keine Emotionen zu zeigen.

Natürlich brachte ich meine Laska nicht alleine nach Hause in den alten Pferdestall. Sie brauchte Gesellschaft, eine Freundin. Eine, die Zeit mit ihr verbrachte, aber am besten auch viel Ruhe mit im Gepäck hatte. Laska sollte raus und ihren Lebensabend genießen, aber am besten dabei nicht wie wild über die Wiese pesen. Im Sinne ihrer kranken Beine.

Wir entschieden uns also der Einfachheit halber für ein Shetty. Ich wollte in meinem eigenen Stall zuhause unbedingt einem Lebewesen ein liebevolles „Für-immer-Zuhause" schenken, das dringend eines benötigte. Es war egal, wie es abstammte oder was es Tolles konnte. Es sollte einmal Glück haben im Leben.

Wir fuhren also zu einem Viehhändler, der neben Kühen auch Pferde „verscheuerte" – und als wir dort ankamen, brach es uns das Herz, in wie viele traurige Augen wir dort schauen mussten. Mit „wir" spreche ich natürlich von Papa und mir. Wer sonst wäre aus voller Überzeugung hier wohl an meiner Seite gewesen.

Ich ging zu einer großen Box ohne Fenster, in der drei Shetty-Absetzer ihre Aufzucht „genossen". Das war einer der schwierigsten Momente in meinem Leben bisher. Zu akzeptieren, weitergehen zu müssen und nicht alle mitnehmen zu können. Zwei große, schwarze Knopfaugen bohrten sich ganz tief in mein Herz, während ich eine braune (eigentlich für ein Shetty-Baby viel zu große) Nase streichelte. Papa holte mich zu sich.

Er blieb an einer Gitterbox stehen, in der ein sehr ängstliches, palomino-farbenes, großes Shetty ganz hinten an der Wand stand. Eine Stute. Wie gemalt eigentlich. Aber traurig. Mit ganz stumpfem Fell und angelegten Ohren.

„Was ist mit der? Warum ist die hier alleine und nicht drüben im Stall bei den anderen Ponys?", fragte Papa den schmuddeligen Typen neben sich.

„Dieses Mistviech? Die geht am Montag zum Metzger! Die musste ich mitnehmen, sonst hätten mir die Leute den Pferdeanhänger nicht verkauft, den ich billig schießen wollte! Lässt sich nicht anfassen und tritt!"

„Ist sie krank? Läuft sie gerade? Magst du mal die Tür aufmachen, dass wir zu ihr können?"

Für Papa war klar, dass hier jemand wohl noch etwas dringender als alle anderen ein bisschen Glück gebrauchen konnte. Und zwar gleich.

Der Händler gab uns einen Kälberstrick in die Hand und wollte nichts damit zu tun haben. Es hat ein Weilchen gedauert – als Papa in die Box ging, bekam sie schiere Panik. Sie schien wohl keine guten Erfahrungen mit Männern gemacht zu haben. Ich kniete mich in die Box und sprach ganz ruhig und leise mit ihr. Und irgendwann kam sie zu mir und wir trabten nebeneinander einmal die Stallgasse hoch. Das klappte ohne Probleme, auch wenn wir hörten, dass sie wohl ein Geräusch auf der Lunge hatte und etwas schwer atmete. Egal, wir suchten ja keinen Top-Sportler. Sondern „nur" einen Beisteller.

„Was kostet sie?", hörte ich Papa schon sagen, bevor ich mit dem Pony an meiner Seite zurück in die Box ging, an der die Männer das Geschäftliche klärten.

„270 €. Fleischpreis."

„Gut. Sie gehört uns. Und fährt am Montag nicht zum Schlachter – sondern nach Hause!"

Im Auto grinste Papa mich an und fragte, wie wir sie nennen wollen.

Sie war circa vier Jahre alt und war bis dahin ein namenloser „Gegenstand" gewesen – ohne Papiere und sogar ohne Pass.

„HoneyBunny", sagte ich.

Zuhause gab uns der Tierarzt ein Mittel für ihre Lunge und meinte, wir sollten schauen, dass sie so viel frische Luft wie möglich bekommt. Und das taten wir. Was am Anfang aber auch ehrlicherweise alles leichter gesagt war als getan. HoneyBunnys Vergangenheit hatte Spuren auf ihrer Seele hinterlassen. Sie hatte Panik vor Männern und noch mehr vor Kindern. Und auch vor Wasser, wenn es entweder in Form von stärkerem Regen von oben oder aber auch aus dem Schlauch kam, und vor allem, wenn es ihre Hinterbeine berührte. Wenn man übersah, dass es anfing zu regnen, wenn sie noch draußen war, konnte man sie stundenlang nicht beruhigen geschweige denn einfangen, um sie in den Stall zu bringen. Einmal standen wir drei Stunden lang mit am Ende fünf Leuten auf der Koppel. Und versuchten, das ungefähr einen Meter große, honigfarbene Pony einzufangen, um es aus dem Regen zu holen und in den Stall zu bringen.

Grundsätzlich mochten die beiden sich, also meine große Laska und ihr kleines Beistellpony. Aber HoneyBunny war definitiv in jeder Lebenslage eher mit Vorsicht zu genießen. Und so kam es auch, dass sie der unangefochtene Chef im Ring war und Laska mit ihren knapp 176 cm Stockmaß nur ihre Anweisungen entgegennahm oder ihr Platz machte. Ich glaube, die meisten Menschen hätten die Flinte ins Korn geschmissen.

Spätestens zu dem Zeitpunkt, als nach nur drei Monaten zuhause meine Stute Laska am Ende erlöst werden musste. Sie hatte noch den ganzen Frühling gehabt. Den Frühling ihres Lebens. Aber ihre Beine wurden immer schwächer und eines Abends, als ich bei ihr im Stall war, legte sie ihren Kopf mit ganzem Gewicht auf meinen Schultern ab und sagte mir, dass sie müde war. Und ihre Beine ihr großes Herz nicht mehr tragen konnten. Ich war mittlerweile 21 Jahre alt. Und mit der Entscheidung, sie zu erlösen, wurde ich erwachsen. Hört sich verrückt an. Aber – wenn auch in einem sehr kleinen Ausmaß – war ich nun nicht mehr nur Reiterin und Pferdeeigentümerin, sondern auch Stallbetreiberin. Und all die Verantwortung lag bei mir. Also führte ich die zwei schwersten Telefonate meines bisherigen Lebens: das mit der Tierärztin meines Vertrauens, um einen Termin zu finden. Und das mit der Tierkörperentsorgung.

Bis dahin wusste ich nicht, dass tote Pferdekörper nicht zu lange liegen durften, weil sonst die Gefahr besteht, dass sie platzen, wenn die Zange sie beim Aufladen greift. Und ich wusste auch nicht, dass man nicht jeden Platz auswählen kann, um sich von seiner besten Freundin zu verabschieden. Sondern dass der auch von einem LKW befahrbar sein musste. Harter Tobak und am Ende aber einfach die echte Realität hinter diesem romantischen Wendy-Traum.

Zum Glück ließ Papa mich da am Ende nicht alleine durchgehen. Und die Mama den Papa nicht. Und mit dem Zusammenhalt der Familie … haben wir auch diesen harten Brocken geschafft.

Als HoneyBunny sich verabschiedet hatte und plötzlich alleine war, wurde sie noch schwieriger als zuvor. Sie hatte gerade angefangen, Vertrauen zu fassen, und plötzlich ging ihre große Pferdefreundin in ein anderes Leben und ließ sie alleine. Ich glaube sie hatte Angst, was nun mit ihr passieren würde. Mama meinte kurz, dass sie als „Nicht-Pferdemensch" Angst vor ihr hätte und wir zumindest überlegen sollten, sie jetzt abzugeben. Aber für mich war klar, dass das ihr sicheres Todesurteil gewesen wäre. Und für Papa auch. Auch wenn er sich damit gegen Mama stellte…

Wir brauchten also so schnell wie möglich neue Gesellschaft für HoneyBunny. Denn sie durfte bleiben. Und so liehen Papa und ich uns wieder mal an einem Sonntagmorgen den Viehanhänger des Opas meines damaligen Freundes aus, der die Landwirtschaft aufgegeben hatte, aber den Anhänger noch in Ehren hielt.

Einen eigenen Pferdeanhänger hatten wir nicht und kannten auch niemanden, der den gerne einfach so verlieh. Auch nicht gegen Bezahlung. Pferdemenschen sind da ja bekanntlich gerne mal etwas speziell… War aber egal. Für einen kleinen Shetty-Absetzer reichte der Viehanhänger allemal. Und das Ergebnis war am Ende wichtiger, als der Weg mit einem Anhänger hinten dran dorthin.

Wir fuhren zurück zu dem Händler und holten den kleinen Shetty-Jährling ab, der sich damals hinter dem Gitterzaun mit den großen Knopfaugen und der noch viel größeren, eigentlich viel zu großen, weichen Nase in mein Herz geschlichen hatte. Sie stand noch genauso traurig zusammen mit drei anderen Ponyabsetzern in ihrer dunklen „Aufzuchtbox" wie bereits Monate zuvor schon. Der Jährling stellte sich als eine Stute in der Farbe Braunschimmel bzw. „Roan" heraus. Mit super ungepflegtem, weißem Fell am Körper, das vom Winter nicht herausgeputzt, sondern eingewachsen war, und einem braunen Kopf und braunen Beinen. Eine Schönheit war sie bestimmt nicht. Aber ein herzensgutes Wesen. Auch sie hatte weder einen Pass noch einen Namen.

Wir tauften sie „SissiFee". Und das war der Beginn einer wunderbaren, einzigartigen, überragenden Freundschaft zwischen zwei Shetties: HoneyBunny und SissiFee. Und einem eigentlich für Ponys schon zu erwachsenen Mädchen namens Manu. Eine Freundschaft, deren Zusammenhalt Berge versetzen können sollte und Felsbrocken aus dem Weg rollen. Eine Freundschaft, die für immer sein sollte und gemeinsam durch dick und dünn ging. Eine Freundschaft, wie es nicht schnell eine zweite gab in diesem Leben.

Am Anfang konnte Mama nicht glauben, was wir da getan hatten. Und dass sie von nun an zwei Shetties in ihrem Garten (bzw. neben dem Haus) haben würde. Aber relativ schnell öffnete sie ihr Herz dafür und nahm mir sogar Stalldienste ab, wenn ich zur Uni musste (ich glaube, ich war die einzige Jurastudentin, deren Herz im Grunde nicht der zukünftigen Karriere, sondern zwei Shetties gehörte, die unabdingbar über allem standen). Die klitzekleine, junge SissiFee war sowieso immer unkompliziert. Eher vom Typ „Hund". Auch wenn sie als Jährling zu uns kam und erst alles kennenlernen und erlernen musste.Aber auch HoneyBunny vertraute meiner Mama immer mehr.

Und heute möchte ich behaupten, dass es schon seit sehr langer Zeit in unserem unzertrennlichen Dreier-Clan noch ein viertes, heimliches aber unabkömmliches Mitglied gibt: meine Mama.

KAPITEL 7

ONE IN A MILLION

Während die Sache mit den Ponys zuhause hinterm Haus also gut lief … bereitete mir eine andere Sache ganz viel Herz- und vor allem aber auch Kopfschmerzen. Manchmal kombiniert mit ganz viel Bauchweh und „AH"-Momenten: die Suche nach einem neuen Reitpferd für mich. Also einem „Ersatz" für meine Laska.

Ich mag das Wort nicht. Ein Lebewesen, einen Freund an seiner Seite – den „ersetzt" man nicht so einfach. Und trotzdem muss es sein, wenn die Pferdemädchen-Seele in einem auf Erden weiter brennt und zurück in den Sattel will, während der beste Freund im Himmel frei von Schmerzen unbeschwert über die himmlischen Wiesen hinweg galoppiert.

Auf Pferdesuche habe ich mich natürlich zusammen mit meinem Papa gemacht. Und mit meinen besten Freunden aus dem Freizeitstall damals, in dem ich zuvor mit Laska stand.

Obwohl Laska am Ende ja nicht mehr dort war … sondern bei mir zuhause … blieb unsere Freundschaft bestehen. Ditsch, Lucky und Hase (ihre Spitznamen sind mir so tief im Herzen geblieben, dass ich es dabei hier auch belassen möchte) war klar, dass ich zurückkomme zu ihnen, wenn ich erst wieder ein Pferd hätte, mit dem ich wieder reiten könnte. Und bis dahin hatten sie mich eben einfach mal zuhause besucht. Und so setzten sie alles daran, dass wir wieder einen passenden Pferde-Partner für mich fanden.

Damals war ich in zwei Welten zuhause – wenn ich nämlich nicht „beim Pferd" war – was 80% meiner Zeit war –, studierte ich in Passau Jura. Das auch erfolgreich. Aber um ehrlich zu sein, immer nur mit dem kleinen Teil meines Herzens, der nicht dem Landleben, der Natur und eben den PFERDEN gehörte.

Während der Woche hatte ich eine Wohnung in Passau und pendelte zum Pferd (die Entfernung war fahrbar) – aber wenn meine Kommilitonen mich am Wochenende zu einer Party überzeugen wollten, endete die Antwort meist in einem sehr klaren NEIN.

Denn am Freitag nach der letzten Vorlesung war der erste und einzige Weg immer der: nach Hause. Zu den Pferden.

Und so ergab es sich, dass mein inner Studien Circle die Wochenenden ab und an gemeinsam mit mir zuhause im Bayerischen Wald und im Haus meiner Eltern mit mir verbrachte oder mich dort sonntags spontan besuchen kam, weil sie mein Pferd sehen wollten oder sich die ganz Mutigen unter ihnen sogar mal raufsetzen wollten. Das war eine sehr schöne Zeit damals, die wirklich großartige Menschen in mein Leben gebracht hat.

Und so kam es auch, dass Pudding und Kate (meine zwei besten Studienfreunde) als Juristen ohne jegliche Pferdeerfahrung am Ende gemeinsam mit Papa, mir und Ditsch im Auto saßen, um ein Pferd anzusehen, das sehr vielversprechend klang. Doch anstatt einfach nur rundherum glücklich und voller Vorfreude zu sein, war ich etwas geknickt und hatte ein mulmiges Bauchgefühl. Es war nämlich nicht das erste Pferd, in das ich viel zu viel Hoffnung gesetzt hatte. Wochen-, monatelang verbrachte ich nun schon die Wochenenden im Auto, um Pferde anzuschauen, Probe zu reiten und am Ende immer nur enttäuscht zu werden. Entweder stimmte die Chemie nicht, oder, und das noch viel öfter, die Chemie stimmte – und das Pferd fiel am Ende mit Pauken und Trompeten durch die Ankaufsuntersuchung. Wenn ich hier alles auflisten würde, was ich dabei erlebt habe, würde das schon alleine ein Buch füllen.

Also belasse ich es bei denen, die mich geprägt und mir gezeigt haben, dass ich jetzt wohl aus dem Alter raus bin, in dem man die Welt durch Kinderaugen einfach nur unbeschwert sehen und erleben darf – und in der Realität der Erwachsenen angekommen bin.

Romeo war ein wunderschöner 5-jähriger Rappe mit viel Weiß. Und bester Dressurabstammung. Direkt vom Züchter. Ein Pferd wie gemalt. Als wir ihn im Anhänger hatten, um bei uns zuhause (bzw. vielmehr dem Stall, in dem Laska vorher stand und auch das neue Pferd wieder stehen würde, da ich nun ja keinen Rentner, sondern einen Sportler zu haben dachte) vom Tierarzt unseres Vertrauens die Ankaufsuntersuchung durchführen zu lassen, stellte sich nach kurzer Fahrt heraus, dass die Sache mit dem „verladefromm" nur so dahin gesagt war und wir einfach nur naiv und gutgläubig waren.

Romeo hatte Panik im Anhänger und versuchte, diesen regelrecht zu zerlegen. Papa und ich haben ihn gut „nach Hause" gebracht. Aber ich bin heute noch schweißgebadet, wenn ich an diese Höllenfahrt zurückdenke. Und es sollte noch viel weitergehen. Romeo litt nämlich an einem starken Herzfehler, der ihn unreitbar machte. Der Verkäufer wusste das, aber verheimlichte es mit der Absicht, dass es vielleicht bei der AKU nicht ans Licht kommen würde. Ich finde heute noch keine Worte für diese Menschen.

Als wir uns nämlich mit dem Verkäufer bezüglich der Untersuchung auseinandersetzten, wirkte er nicht verwundert. „Den braucht ihr mir nicht zurückbringen, den holt Ende der Woche eine Spedition bei euch ab, die ihn direkt weiter ins Ausland fährt." Wow. Nicht nur ich war sprachlos.

Und so versuchten wir (mein damaliger Reitlehrer und der Stallinhaber mit inbegriffen, was ich ihnen bis heute noch sehr hoch anrechne) alles, dass er als Gnadenbrotpferd auf der Anlage bleiben durfte. Die beiden Männer hätten ihn trotz des gesundheitlichen Risikos übernommen und auch den Preis dafür bezahlt, den der Transporter fürs Ausland verlangt hätte. Aber der namhafte Züchter wollte diese in seinen Augen nicht sehr gelungene Zucht lieber weit weg im Ausland wissen, und so hatten wir alle das traurige Schicksal dieses lackschwarzen Pferdes zu akzeptieren.

Mein nächster „Versuch" war wieder ein junger Rappe. Donnerprinz, ein vierjähriges Jungpferd mit bester Dressurabstammung. Er wurde von der Züchterin persönlich zu unserem Stall gebracht (ich dachte, diesmal hätte ich aus meinen Fehlern gelernt, und ließ ihn von einer nicht ganz so großen und namhaften Züchterin bringen), wo wir alle gemeinsam mit der Tierärztin meines Vertrauens zur AKU verabredet waren.

„Ich musste einmal scharf bremsen unterwegs, kann sein, dass er nicht ganz gerade läuft jetzt!"

Was für eine Begrüßung, noch bevor die Verkäuferin die Rampe des Anhängers öffnete, um den bildhübschen, schwarzen, nicht ganz so großen jungen Mann ohne jedes Abzeichen auszuladen. Entsprechend der Vorwarnung war zwar nicht die erste aber am Ende die dritte Beugeprobe – und zwar hinten links – positiv.

„Ich denke ehrlicherweise nicht, dass das alleine vom Bremsen im Anhänger kommt.“, warf ich in den Raum.

Ich konnte es nicht fassen, so viele junge Pferde, so viele AKUs, die ich als Studentin und Auftraggeberin am Ende natürlich voll zu bezahlen hatte, obwohl keine von ihnen über ein Abhören oder Beugen hinausging. Alle jungen (und eigentlich absolut unverbrauchten) Pferde, die ich kaufen wollte, fielen gleich zu Beginn durch die Untersuchung. Ich bekam die Rechnung dafür und fing von vorne an. Es war frustrierend.

Und ehrlich, wenn es so weiterging, blieb am Ende kein Geld mehr übrig für ein Pferd. Als Studentin Anfang 20 hatte ich nämlich nicht sehr viel davon gespart. Und das alles war sowieso überhaupt nur möglich, weil meine Oma (die Mama meiner Mama), als ich ein Baby war, eine sog. Aussteuer-Versicherung für mich abgeschlossen hatte, in die sie monatlich einzahlte. Das machte man damals üblicherweise so für Mädchen, die das Geld daraus eigentlich dem Brauch nach dann zur Hochzeit „mitgegeben“ bekommen, um sich einen eigenen Haushalt – sprich Dinge wie Töpfe und Staubsauger – davon kaufen zu können. Verrückte Sache. Und doch war ich sehr froh, sowas gehabt zu haben. Und auch, dass meine Oma einsah, dass weit entfernt von einer Hochzeit und eigenen Töpfen ein neues Pferd tatsächlich das Einzige war, was ich wirklich brauchte. Und sie mir das somit mit einem Betrag in Höhe von 8.000 € finanzierte.

Damals dachte ich zu Beginn und im Rahmen meiner jugendlichen Naivität (die zuvor noch nie wirklich mit viel Geld in Berührung kam) noch, das wäre unendlich viel Geld gewesen… Zurück zur positiven Beugeprobe: Ich hätte es bei diesem Satz, der mein Zweifeln verdeutlichte, belassen sollen und sie das Pferd wieder mit nach Hause nehmen. Aber die Verkäuferin versicherte uns allen glaubwürdig, dass das Pferd top gesund sei und nur zwei Wochen bräuchte, um sich von der Fahrt zu erholen.

Also schlossen wir einen Vertrag, in dem ganz genau festgelegt wurde, ob und wie das Pferd auf die Koppel durfte, dass es eine einzelne Paddockbox bekommen sollte, was es zu fressen bekam, was im Fall einer Kolik sei – und so weiter und so fort. Und vor allem aber, dass es damit bis zur erneuten AKU in zwei Wochen in meiner Obhut blieb, um ihm ein Hin- und Herfahren zu ersparen.

Ich kümmerte mich vollumfänglich darum und auch der Stallbetreiber und mein Reitlehrer, der sein eigenes Pferd auch in dem Stall untergebracht hatte, hatten ein Auge darauf. Es lief alles gut so weit. Nach zwei Wochen wiederholten wir die AKU mit der Tierärztin meines Vertrauens und das Pferd war nach wie vor hinten links in der Beugeprobe auffällig. Meine Tierärztin riet mir, es unmittelbar danach aufzuladen und zurück zu geben. Sie verfasste zudem noch einen schriftlichen Bericht über den Verlauf. Das tat ich, gemeinsam mit meinem damaligen Reitlehrer, der bei der Untersuchung dabei war und uns fuhr.

„Es tut mir sehr leid, ich kann mir das Ganze nicht erklären. Das ist mir unendlich unangenehm. Wollt ihr noch die anderen Jungpferde ansehen und vielleicht ein anderes davon kaufen?", so die Worte der Züchterin bei unserer Ankunft.

„Nein, danke. Die Sache ist so schon hart genug für mich."

Ich streichelte zum Abschied nochmal über Donnerprinz' weiche, schwarze Nase und hoffte ganz fest für ihn, dass er bei seiner Züchterin bleiben durfte.

Ich hatte die Pferdesuche erstmal auf Eis gelegt und mit meinem Pferdegeld Tierarztrechnungen beglichen, als mich eines Tages ein Anwaltsschreiben erreichte. Es war von Donnerprinz' Züchterin. Sie forderte 10.000 € Schadensersatz von mir, weil wir ihr Pferd mit einer offenen Hüfthöckerfraktur versteckt unter einer Abschwitzdecke heimlich zurück auf den Hof gebracht und uns dann aus dem Staub gemacht hätten. Belegen wollte sie dies anhand von Bildern. Ich fiel aus allen Wolken und gemeinsam mit mir auch die Tierärztin, mein Reitlehrer, der Stallbetreiber, mein Papa und meine Freunde aus dem Stall, die ebenfalls als Zeugen geladen waren.

Der Prozess kam vors Münchner Landgericht, wir wurden alle vorgeladen und in einer ersten Instanz wurde der Dame mit den Bildern einer offenen Hüfthöckerfraktur eines HELLBRAUNEN (nicht lackschwarzen, wie es Donnerprinz war) Pferdes Recht gegeben. Das war der pure Wahnsinn. Eine einzige, verlogene, geldgierige Lügengeschichte bekam Recht. Zum Glück siegte am Ende aber doch die Gerechtigkeit – die WAHRHEIT – und das

Ganze wurde in einer zweiten Instanz vor dem Landgericht als bloße Lüge enttarnt, mit der die Verkäuferin Profit machen wollte, weil sie wusste, dass ihr Pferd unreitbar und damit eigentlich wertlos war. Aber wow, was für eine unfassbare Erfahrung für uns.

Am Ende hatte ich kein Pferd. Und auch kein Geld mehr, um mir eines zu kaufen. Das konnte ich ganz schwer akzeptieren, aber auch meine Eltern konnten mir nicht „einfach so" einen Betrag in Höhe von mehreren tausend Euro für eine weitere Suche zur Verfügung stellen – und das wollte ich auch nicht.

Immerhin bezahlten sie ohnehin für mein Jurastudium, meinen Lebensunterhalt und eigentlich auch für den meines geplanten neuen Pferdes. Ganz traurig verkroch ich mich eine Weile in meine Bücher. Ich weiß aber noch ganz genau, dass ich am Handy gerade durch „EHorses" stöberte, als eines Vormittags mein Opa anrief.

„Hast du viel zu lernen heute?"

„Geht so, ich sitze schon eine Weile."

(Ich bin immer schon ein absoluter Morgenmensch gewesen und konnte am besten lernen, während der Rest der Welt noch lange schlief.)

„Ich hab' was gefunden… was organisiert… ich hole dich um 11 Uhr ab, wir fahren ein Pferd anschauen."

„Wir fahren WAS?"

Ich dachte, ich hätte mich verhört oder es wäre nicht mein Opa da am Telefon, der ausnahmsweise mal nicht versuchte, mich endlich von dem Thema „Pferd" abzubringen. Seit seinem Reitunfall damals war er verändert. Und während er sich damals einfach nur von den Pferden zurückzog, ließ sein Mund heute mittlerweile kein positives Wort mehr an der Welt der Pferde, weshalb wir alle aufgehört hatten, vor oder mit ihm darüber zu sprechen. Aber anscheinend sprach da am Telefon nicht sein Mund. Sondern sein Herz. Das niemals aufgehört hatte, die Pferde zu lieben.

„Ich bin um 11 Uhr da. Aber nur, wenn du nicht lernen musst."

„Muss ich nicht. Ich freue mich. Bis gleich!"

„Flocke" war ein 4-jähriges, 1.78 Meter großes Bayerisches Warmblut von Florestano (Florestan I), ein hellbrauner, wunderschöner Wallach und stand direkt beim Züchter an einem Ort, der bei uns als „Pferdeland" bekannt war und dessen nahe Umgebung ich über 10 Jahre später am Ende mein Zuhause nennen würde. Beim Vorreiten durch einen Bereiter überzeugte er mit seinen wirklich großartigen Grundgangarten, beim Probereiten ließ er mein Herz im Galopp auf seinem Rücken über den Dressurplatz fliegen.

Und doch ließ die Zeit mit ihm erahnen, dass er vielleicht nicht das unkomplizierteste und einfachste Pferd sein könnte. Im Ergebnis also genau jenes, wofür mein Opa immer brannte, und auch das, was ihm am Ende leider zum Verhängnis wurde. Aber wir sahen beide nur diese Erscheinung von einem Pferd vor uns, die unsere Augen zum Leuchten brachte und unseren Verstand auf Pause setzte.

„Können wir am Preis noch was machen, wenn wir Ihnen gleich zusagen?"

„Ja, 8.000 € glatt."

Und schon schlugen die beiden Männer neben mir ein und ich strahlte ganz verblüfft meinen Opa an. Als wir in seinem BMW zurück nach Hause fuhren, drehte er das Radio, in dem ganz laut Bayern 1 Oldies vor sich hin dudelte, leiser und lächelte mich an.

„Du Opa, aber von meinem Pferdegeld ist ja fast nichts mehr übrig…", murmelte ich kleinlaut vor mich hin.

„Ich weiß. Den Rest bekommst du von mir. Das müssen wir ja niemandem erzählen."

Er zwinkerte mir zu und ich hatte ihn lange nicht mehr so strahlen gesehen. Eigentlich nie mehr, nach Omas Tod.

„Danke, Opa!", mehr brachte ich spontan nicht heraus, ich war sprachlos.

Die Zeit mit Flocke war anfangs schön und spannend, wurde mit der Zeit aber schwierig, sehr schwierig und hat mir gezeigt, dass nicht jedes Pferd für jeden Menschen passend ist und man das am Ende auch irgendwann zu akzeptieren hat, wenn es einfach nicht geht. Flocke war ein sehr junger, sehr großer und kraftvoller Warmblüter in den Anfängen seiner Ausbildung. Mit sehr viel Bewegung und einer faszinierenden Ausstrahlung.

Aber auch ein Pferd mit sehr viel … sagen wir … Charakter. Ein Jungpferd, das bis 3-jährig in einer Hengstherde quasi wild aufwuchs, dann von einem Bereiter kurz und knapp „gebrochen" wurde, um schnelles Geld damit zu machen. Er hatte keine ehrliche Ausbildung genossen. Nach wenigen Monaten an seiner Seite musste ich mir eingestehen, dass ich alleine dieser Herausforderung nicht gewachsen war.

Einmal hat er mich im Gelände so böse abgesetzt, dass von da an meine Knie etwas weich wurden, wenn ich in den Steigbügel seines Sattels trat. Und ich beschloss, von da an, „lieber in die Halle zu gehen", wenn es draußen etwas windiger war, die jungen Pferde frisch waren – und ich alleine am Stall.

Springreiter und Cowboys würden heute wohl etwas amüsiert lächeln und behaupten, das war der Zeitpunkt, an dem ich zum typischen „Dressurreiter" wurde und von da an die sichere Halle oder den umzäunten Reitplatz wilden Touren im Galopp durchs Gelände vorzog. Die Sache mit Flocke entwickelte sich so schlecht, dass ich am Ende im Stall eines sehr guten Springreiters landete, der Jungpferde ausbildete und meinen Flocke erstmal in Beritt nahm und mich unter seine Fittiche.

Das nicht so Schöne daran: Die Situation war ernst. Ich hatte mich nämlich dazu entschieden, weil Flocke mir so überlegen war, dass ich mich nicht wie mit meiner Laska zuvor als seine beste Freundin sah, mit einem Freund an meiner Seite, mit dem ich durch dick und dünn gehen konnte – sondern ernsthaft Angst im Sattel entwickelt hatte und er mich irgendwie gefühlt so wenig „riechen" konnte, dass er mir regelmäßig sein Hinterteil drohend zudrehte, wenn ich ihn von der Koppel oder aus seiner Paddockbox holen wollte, um mich mit ihm zu beschäftigen.

Wenn ich an unseren ersten gemeinsamen Hufschmiedtermin zurückdenke, wird mir heute noch anders. Flocke hatte mich als junge Frau hart auf dem Boden der Tatsachen aufprallen lassen. Heute weiß ich, dass man bei ihm in den ersten Jahren seines Lebens wohl schon vieles hätte anders machen sollen, was ich dann einfach nicht mehr auffangen konnte. Und auch, dass diese Dressurlinie vielleicht ohnehin nicht die einfachste war. Aber damals konnte ich nicht verstehen, warum mich dieses Pferd gefühlt einfach nur loshaben wollte. Ich hatte Angst vor ihm, weil er selbst mit Profi an unserer Seite für mich unberechenbar blieb. Lange nahm ich all meinen Mut zusammen und wollte mich da durchbeißen, am Ende eine Erfolgsgeschichte schreiben können.

Aber manche Dinge sollen einfach nicht sein, und so entschied ich mich nach einem letzten für mich gefährlichen Ritt auf ihm dazu, nicht mehr aufsteigen zu wollen und ihn zu verkaufen, nachdem er in der 60 Meter langen Halle mit vollem Herzen versucht hat, mich bockend an die Hallenwand zu klatschen. Er war natürlich tierärztlich durchgecheckt. Auch mit Peter, dem Springreiter, machte er das lange nicht mehr. Nur an und auf meiner Seite wollte er nicht sein. Das Schöne an diesem Punkt in meinem Leben: Ditsch,

Lucky und Hase, meine Jugendfreunde aus dem Freizeitstall, wechselten gemeinsam mit Flocke und mir die Anlage. Es war ein ganzes Stück entfernt und täglich fast eine Stunde einfach zu fahren. Aber damit sollte sich für uns eine andere Welt auftun mit Pferdemenschen und Freunden, von denen ich heute noch spreche. Die ich nie vergessen habe oder vergessen werde. Über 10 Jahre nannte ich sie mein ZUHAUSE.

Und neben diesen schönen Verbindungen unter Menschen taten sich in diesem anderen Umfeld auch andere sportliche Möglichkeiten auf, die diejenigen von uns, die das wollten, reiterlich endlich einmal förderten. Für uns absolutes aber wundervolles Neuland.

Also … hätte ich ein Pferd an meiner Seite gehabt.

Als ich damals wieder einmal eingeschüchtert und weinend von meinem Flocke abstieg, fasste Peter sich ein Herz und bot mir an, eines seiner Springpferde reiten zu dürfen. „Du musst mal wieder glücklich sein im Sattel!", meinte er, als er mir seine „Cooli" gesattelt in die Hand drückte. Und Cool Cat war, genau was ihr Name versprach, einfach nur COOL. Eine herzensgute Dunkelfuchsstute ohne Abzeichen, im besten Alter, mit bester Springabstammung und Ausbildung, fein zu reiten für „Mädchen wie mich", absolut kopfklar und einfach nur ein Spaßmobil, in das ich mich Hals über Kopf verliebte. SIE wäre mein Pferd gewesen, zweifelsohne.

Aber sie war leider auch ein Pferd, das sich in einem Preissegment bewegte, das damals für meine Eltern und mich einfach unmachbar war. Mein Papa wollte bis zuletzt nicht glauben, dass es wirklich Pferde gab, die mehr kosteten als ein schicker nagelneuer Mittelklassewagen mit Vollausstattung. Und damit: Herzlich Willkommen in der Welt des Pferdesports.

„Cooli" ging vor meinen Augen nach einem erfolgreichen Turniertag also auf direktem Weg in die Schweiz – und ich ließ mich am Ende doch von meinem Papa überzeugen, dieses Pferd anschauen zu fahren, das er als sehr vielversprechend (und vor allem bezahlbar) einstufte. Er war mittlerweile ein „EHorses Profi" und hörte im Gegensatz zu mir niemals auf zu suchen.

„Costi". Eine gerade 8-jährige Bayerische Warmblutstute von „La Pilot". Also eine Springabstammung und keine Dressur tanzende Ballerina, wie ich es mir doch eigentlich schon immer gewünscht hatte. Laut Verkäufer war sie eine Lebensversicherung und erfolgreich bis zur Klasse M, jedoch seit mehreren Monaten nicht geritten und in der aktuellen Saison auch nicht platziert, da seine Tochter aufgehört hätte zu reiten, und er es nicht könne und daher alle Pferde verkaufe und außerdem aufhören würde zu züchten. Das erzählte er uns mit Tränen in den Augen, während wir durch den Stall gingen, in dem ausschließlich seine eigene Nachzucht untergebracht war.

Costi stand am Ende des Ganges und nicht IM Stall, sondern in einer ehemaligen Garage daneben zusammen mit ihrer Vollschwester. Es sei zu voll geworden über die Zeit und mit ihr könne man so was machen, meinte er, während er sie raus holte, putzte, sattelte und an die Longe hängte. Sie war ein Bild von einem Pferd.

„Ablongieren müssen wir sie kurz, sie ist eine ganze Weile nicht mehr geritten worden", sagte er zu mir, während wir auf die nahegelegene Wiese gingen und ich mir schon im Gehen lieber mal meine Reitkappe aufsetzte.

„In die Halle müssten wir fahren, aber das würde mit ihr auch einfach direkt hier auf der Wiese gehen!", meinte er, während um uns eine dunkelbraune Stute tobte, die erstmal Dampf für gefühlt zwei bis drei Pferde ablassen musste.

„Ideale Voraussetzungen. Genau was ich suche!", sagte ich mir hämisch und lächelte ihn verunsichert an.

„Bist du sicher, dass ich da jetzt einfach drauf soll?", fragte ich ihn zweifelnd, und seine Antwort ließ mich einfach nur sprachlos und perplex in den Steigbügel steigen:

„Mädel, dieses Pferd ist Klassen zu gut für dich, und wenn du es mit ihr nicht schaffst, dann mit keinem anderen Pferd der Welt! So eine Chance bekommst du nur einmal im Leben. Nimm sie an."

Der Mann sollte Recht behalten. Und mein Papa auch. Costi hat mich das Fliegen gelehrt und mich zum glücklichsten Pferdemädchen auf dieser Erde gemacht. Und ich bin meinem Papa bis heute dankbar, dass er mich überzeugen konnte, nach dem ersten Probereiten noch ein zweites Mal zu Costi zu fahren. Ich war nach dem ersten Mal nämlich sehr positiv überrascht worden, als wir auf der Wiese hinterm Haus unsere Runden drehten. Aber ich wollte eigentlich auch etwas, das ein bisschen mehr Dressur statt Springen in sich hatte. Eine „Dressurballerina". Keinen Springprofessor.

Und suchte also erstmal noch weiter. Papa hingegen sah von der ersten Minute an, dass dieses Pferd einzigartig war. Springerfolge bis zur Klasse M und ehrlicherweise auch in der Dressur bis auf ähnliches Niveau lektionssicher ausgebildet. Nur halt ohne die ganz große (Trab-)Bewegung dabei ins Viereck zu schmeißen. Und ein Brauner, kein Rappe. Das hatte mich erstmal davon abgehalten, sofort JA zu schreien – aber zum Glück tat das der Papa. Eine Woche lang hat er nach mehreren Diskussionen kurz sogar gar nicht mehr mit mir gesprochen, weil er es nicht glauben konnte, dass wir dieses Pferd nicht vom Fleck weg mitgenommen hatten. Das Unfassbare dahinter war nämlich ihr Kaufpreis. 8.000 €.

Der Vater hatte seine Tochter mit seinem grenzenlosen Ehrgeiz von jungen Jahren an so sehr in den Reitsport gedrängt, dass sie als junge Erwachsene eines Morgens meinte, es reiche und sie würde lieber Fußball spielen gehen – was sie am Ende wirklich tat und nie wieder auf ein Pferd stieg. Das zwang ihn nach einem halben Jahr vergeblichen Hoffens zum Verkauf all der Pferde und zur Aufgabe seines Lebens, in dem er aber ohne eigene großartige Reitkenntnisse auf seine Tochter angewiesen war.

Meine Eltern waren genau anders. Glücklicherweise. Ich musste gar nichts – aber ich sollte innerhalb ihrer Möglichkeiten unbedingt DÜRFEN und glücklich werden. Und diese Chance mit so einem Pferd – das wäre in Form eines Kaufpreises der oben genannten Summe mal vier oder fünf oder sechs nun einmal einfach unmöglich für uns gewesen. Papa wollte Costi unbedingt für mich. Und auch ich bekam sie am Ende nicht aus meinem Kopf.

„Papa, kannst du bitte aufhören, nicht mehr mit mir zu sprechen? Ich muss um 14 Uhr in der Kirche sein zu Esthers Hochzeit."

„Zeit haben wir also eigentlich keine. Aber ich hab' ihn schon angerufen. Er fährt Costi für uns in die nahegelegene Halle, dort können wir sie noch springen und uns dann endgültig entscheiden. Am Nachmittag kommt sonst noch eine befreundete Springreiterin von ihm, die sie unbedingt haben will und sie gleich mitnehmen würde."

Eine halbe Stunde später saßen wir im Auto. Gemeinsam mit Ditsch und Hase, die zwar auch auf die Hochzeit mussten, aber wussten, dass Prioritäten zu setzen waren. Hase konnte außerdem deutlich besser Springreiten als ich und wollte Costi unbedingt für mich ausprobieren.

„Jetzt steht sie schon auf dem Hänger, fahr sie uns doch bitte gleich weiter in ihr neues Zuhause!"

Das war alles, was Papa noch „raushandeln" wollte. Und damit hatten wir einen „Deal" und ich ein wundervolles, bildhübsches, kopfklares, verlässliches

Springpferd im Stall, bevor ich ohne zu duschen (die Zeit war einfach zu knapp) aber dafür mit genug Parfum aufgelegt und strahlend im Kleid zusammen mit meinen Freunden pünktlich auf Esthers Hochzeit tanzte. Das war damals einer der schönsten Tage meines Lebens, ohne dass mir das bewusst war.

„DAS ist dein neues Pferd, Manu?

Wow, die sieht ja toll aus … und springen kann sie auch, sagst du?“

„Danke Peter, ich glaube die habe ich nicht schlecht ausgesucht. Und ja, lief bis M, bis L platziert aber nicht dieses Jahr. Zuletzt ging sie nur noch auf die Koppel.“

„Darf ich sie mal reiten und wir schauen, was sie kann?“

„Klar! Im Gegensatz zu mir weißt du eher, wie man so ein Flugzeug bedient“, schmunzelte ich und freute mich insgeheim aber ganz ungeheuerlich, dass er mein neues Pferd so toll fand, dass er es reiten wollte. Peter war ehrlich begeistert von dem Ergebnis seiner Probereiterei.

„Und das, obwohl die jetzt nicht mal im Training steht. Da müssen wir unbedingt daran anknüpfen. Kann gar nicht glauben, dass du so ein tolles Pferd ohne mich gekauft hast.“

Den Nebensatz ließ er sich nicht nehmen, aber ich überhörte ihn gerne. Genau wie jenen, der meinte, dieses großartige Pferd für diesen verhältnismäßig geringen Preis sei sicherlich turniersauer und ich beim Pferdekauf veräppelt worden. Ich konnte ihn auch einfach überhören. Denn Costi holte ohne große Vorbereitung und ohne große Mühe auf ihrem ersten Turnier (probeweise mit meinem erfahrenen Trainer, um sicher zu gehen) nämlich Gold. In einem A-Parcours und 54 Startern. Dieses Lachen im Gesicht meines Trainers, die Tränen der Rührung in meinen Augen und dieses Kämpferherz in Costis Seele, das anfing zu brennen, sobald sie die Glocke zum Start hörte, das war einfach unbeschreiblich. Mann, war ich STOLZ.

Von diesem Tag an verbrachte ich meine Tage im Springsattel, den ich mir von meinem letzten Ersparten gekauft hatte. Niemals hätte ich gedacht, dass ich mal so eine Freude am Springreiten entwickele. Und: so einen Ehrgeiz. Denn von nun an gehörte jede freie Sekunde dem Springtraining. Mit Costi hatte ich einen sicheren Professor an meiner Seite und mit Peter einen Trainer, der uns beide gut forderte, ohne uns zu überfordern. Und binnen kürzester

Zeit waren die für mich vom Boden aus unfassbar hoch erscheinenden Hindernisse wirklich der Parcours, den ich noch kurz zuvor vom Sattel aus mit Costi gemeistert hatte. Zeitweise auf L-Niveau. Unfassbar. Aber man sagte mir einmal, man müsse beim Springreiten einfach sein Herz hinüber schmeißen … über die Oxer und Steilsprünge … und danach hinterherjagen. Und genau das taten wir.

Mit Costi habe ich schließlich auf meinem eigenen Pferd das große Reitabzeichen (RA IV) absolviert, was mich bis heute unheimlich stolz macht. Manchmal stehe ich heute am Fenster und blicke gerührt auf die Abzeichennadel, die in dem Seidentuch steckt, das um den Hals eines kleinen Pferdes aus Beton gebunden ist. Einer stolzen Statue. Sie steht auf meinem Fensterbrett. Groß, gefestigt und erhaben. Neben ihr der Pokal, den mir mein Trainer als Andenken damals geschenkt hatte. Und sie erinnern mich immer wieder an die wunderbaren Zeiten mit meiner Costi.

Ich werde diese einzigartige Seele immer ganz fest in meinem Herzen tragen, egal, wohin mein Weg mich auch führt. Sie ist ein Teil von mir.

KAPITEL 8

VOM FALLEN

Das Fenster mit der Pferdestatue, an dem ich heute stehe und meine Gedanken kreisen lasse ... sieht anders aus als jenes, das damals mein „Tor“ zu Costi und meiner... IHRER kleinen Ranch hinterm Haus war.

Es ist kein modernes, bodentiefes, neues Fenster mehr. Nicht dreifach verglast und lupenrein. Sondern es ist ein älteres Fenster aus Holz, robust und beständig, auch wenn es die Spuren der vergangenen Jahre auf seinen altmodischen, verkupferten Sprossen trägt. Es ist das Fenster meines Schlafzimmers heute, von dem aus ich über die Weiten des Herzl Hofes hinausschauen kann.

Zu meiner geliebten Costi muss ich mittlerweile hoch in den Sternenhimmel schauen, wenn ich ihr nah sein will, oder warten, bis mit dem nächsten Sturm die himmlische Herde über die Wiesen auf Erden hinweggaloppiert. Sie fehlt mir an meiner Seite hier auf Erden sehr und wird es immer tun.

Aber auf den Weiden vor mir tummeln sich viele wundervolle Pferde. So viele, dass ich mich selbst erstmal kneifen muss. Wie ein Fels in der Brandung sind die „Apfeline“, meine Apple, und unsere Shetties Honey und Sissi, meine besten Freunde im Leben, geblieben – sie haben lediglich genau wie ich den Ort gewechselt und zudem etwas Verstärkung in der Herde bekommen. Und neben den Pferden, unterm Fenster draußen im Garten, sitzen in der warmen Herbstsonne meine drei Hundekinder. James, Emma und Lotti. Genau wie damals immer. Als wäre nichts passiert.

Und doch ist heute alles anders. Der Sommer ist vorbei auf dem Herzl Hof und während ich aus dem Fenster die Blätter von unserem großen Walnussbaum fallen sehe, kehre ich täglich endlich und immer noch wieder ein Stück mehr zu mir selbst zurück.

Die Tage waren zu Wochen geworden und die Wochen zu Jahren. Unsere „Kinderschuhe“ sind zu denen von reifen Erwachsenen geworden – und doch: nach wie vor aus Gummi und in Form von Schlappen vor der Haustür. Sodass man ausnahmslos zu jeder Tages- und Nachtzeit binnen weniger Sekunden einfach reinschlüpfen kann und rüber gehen in den Stall. Zu den Pferden. Dorthin, wo es nach ZUHAUSE riecht. Dorthin, wo man sich sicher fühlt. Eine Tatsache, für die es hart zu kämpfen galt und die zu manchen Zeiten in keinster Weise selbstverständlich schien.

Drei Jahre, nachdem ich und meine Tiere unser Zuhause verloren haben … sind wir wieder zuhause. Und diesmal mehr denn je. Und für immer. Und während ich diese Zeilen schreibe, wird mein Herz ein bisschen schwer, während es anfängt, unfassbar laut, STARK, deutlich und ja, wegweisend zu schlagen, und sich meine Augen mit Tränen füllen. Tränen des vergangenen, bitterlichen Schmerzes und Tränen des unfassbaren Stolzes. Und am Ende, ja, wenn man so will, Tränen des hart erkämpften Sieges.

Damals allerdings, als ich morgens alleine gelassen an den bodentiefen Fenstern meines zerstörten Lebenstraumes saß mit vom Weinen verschmierten, vor zwei Tagen zum letzten Mal getuschten Augen oder gar geputzten Zähnen, schweißgebadet vom Sich-die-ganze-Nacht-mit -Schüttelfrost-Übergeben und mit Ausschlag in Form eines Ringes unter meiner Brust, der juckte und brannte wie die Hölle … hatte ich, abgesehen von den großen Herzen meiner drei kleinen Hunde, die die ganze Nacht loyal neben mir auf dem kalten Boden des Gäste-WCs liegend verbracht und auf mich aufgepasst hatten, aufgehört, an das Gute zu glauben.

Damals vor drei Jahren an diesem wunderschönen Tag im September 2020 … zuhause auf meiner wunderschönen kleinen, feinen Ranch. Meinem wahr gewordenen Lebenstraum, in dem gerade noch der letzte Stein von Hand gesetzt und die letzte Fuge noch perfekt verputzt worden war … als meine Welt aus dem Nichts zusammenbrach wie ein Kartenhaus im Wind. Damals … an diesem wunderschönen Tag im September 2020 … war es ein herrlicher Morgen.

Der feuchte Tau lag noch auf den Wiesen und die Luft war kühl und knackig, aber hinten durch die Berge kämpften sich die ersten Sonnenstrahlen. Wir waren früh aufgestanden, um den Tag mit einem Ausritt in die Natur des Bayerischen Waldes zu beginnen. Ich sattelte meine Apple und eine Freundin sattelte sich meine Schimmeline, die „Caprice". Die Schimmeline und ich, wir hatten eine lange Geschichte, die teils wirklich nicht schön war und mich gelehrt hat, dass man auch mit Anfang 30 noch nicht alles gesehen hat. Und auch, dass man noch weniger weiß, wie es wirklich läuft und wie vorsichtig man sein muss … wie geldgierig und verlogen die Menschheit ist und wie skrupellos, wenn es darum geht, mit einem Lebewesen Profit zu machen … wenn man, wie ich, einfach zu viel Herz hat für dieses „Pferdebusiness".

Ich hatte sie gekauft, als ich meine Costi am Ende gar nicht mehr reiten konnte. Also auch nicht mehr zumindest ein bisschen durch den Wald. Denn, egal wie hart es für mich war, dass Costi krank wurde … ich machte das alles zwar aus der puren Liebe zu meinen Pferden heraus. Aber trotzdem sollte es einen kleinen Ausgleich zu all der Arbeit, all den Kosten, all den Sorgen geben, die hinter dem Leben mit den Pferden in Eigenregie stecken. Und den finde ich nun mal schon immer, wahrscheinlich wie wir Pferdemenschen alle, im Sattel. Also kaufte ich ein Sportpferd, welches in Costis große Hufabdrücke treten sollte. Das war lange vor Apples Zeit bei mir.

Eigentlich sollte es die Apfeline für mich nämlich niemals geben. Sondern nur Costi, meine Rentnerin, die Ponys, meine Freunde, und eben Caprice, Costis Nachfolgerin und mein neues Reitpferd. Ich wollte nach meinen Erfahrungen beim Thema Pferdekauf nicht mehr bei einem Züchter oder Händler kaufen. Bei niemandem, der offiziell sein Geld mit Tieren machte. Sondern bei einer Privatperson. Ich dachte, das wäre „sicherer".

Caprice stand zum Verkauf, weil sie in der offiziellen Version „zu viel Pferd" war für ein noch sehr junges Mädchen, das vom Pony auf Großpferde umgestiegen war. Und das war sie auch mit ihren knapp 1.80 Metern Stockmaß. Also war die Geschichte für mich völlig stimmig. Aber zum Glück lag diese am Ende einfach nur traurige Geschichte nun hinter uns und wir bemühten uns, sie vergessen zu können. Entweder bin ich zu dumm oder naiv zum Pferdekauf – oder einfach nur zu ehrlich und gut in meinem eigenen Herzen und meinen Moralvorstellungen im Umgang mit Lügen und anderen Menschen gegenüber. Ich glaubte die Verkaufsgeschichte damals nämlich und kaufte sie.

Ich war so glücklich, sie war ein bildhübsches Pferd und ich liebte ihr Wesen. Also jenes, das sie im Umgang vom Boden aus zeigte. Sie musste nach ihrer Ankunft bei mir nämlich körperlich erstmal etwas aufbauen und so machten wir vorerst langsam, was das Training betraf. Nach und nach steigerte ich das Ganze. Beziehungsweise versuchte es. Denn mit mehr Anspruch an ihr Training kamen auch die Probleme. Caprice konnte ihr Wesen von lammfromm hin zu wirklich gefährlich in ungefähr drei Sekunden ändern – und zwar ohne jede Vorwarnung.

Ein großer Tierarzt-Check hatte ergeben, dass sie wohl mit alten Verletzungen im Rücken und der Hinterhand sowie psychisch in ihrem Kopf zu kämpfen hatte, die ihren Ursprung vermutlich darin hatten, dass sie beim Steigen einmal umgefallen und rückwärts in eine Fensterfront gefallen war. Und sich dabei nachhaltig verletzt hatte. Genau wie ihre Vorbesitzer. Und damit sollte das der wahre Verkaufsgrund sein, der aber totgeschwiegen wurde, um den vollen Verkaufspreis für ein Sportpferd zu erzielen.

Steigen – das war leider ihre Königsdisziplin. Die beherrschte sie wie keine andere. Und sie kam immer dann an den Tag, wenn sie ein bisschen mehr sportliche Leistung erbringen sollte, als nur am langen Zügel durch den Wald zu tingeln.

Natürlich kann man behaupten, dass man diese Charakterzüge typischerweise gerne in der sogenannten „S-Linie“ der Dressurpferde finden kann und man einen „Stedinger“ Nachkommen ohnehin niemals einfach kaufen sollte. Aber ich denke, sie hatte unabhängig von ihren nicht ganz einfachen Genen auch einfach schon vieles erlebt, das alles andere als schön war (leider die traurige, oft vertuschte Schattenseite unseres geliebten Sports), und damit einfach gelernt, sich zu wehren. Lernen MÜSSEN, sich zu wehren. So traurig das auch klingt.

Naja. Jedenfalls war die Meinung meiner Tierärztin, dass ich sie in ihrem und vor allem aber auch meinem Sinne aus dem Sport nehmen und sie, anstatt sie zu reiten, in die Zucht verkaufen sollte. Das war damals echt harte Kost für mich. Nach zahlreichen Untersuchungen und Klinikaufenthalten, Tierarztrechnungen ins Unendliche für meine geliebte Costi hatte ich endlich akzeptiert, dass das Leben weitergehen musste, und einem anderen Pferd eine Chance gegeben. Und dann das. Aber, ich muss auch ehrlich sein: Caprice‘ Eskapaden waren teils so groß und heftig, dass ich mich auch gar nicht mehr traute, sie zu reiten. Und sie auch nicht dazu zwingen wollte. Beileibe nicht. Nur … sie war meine Hoffnung gewesen. Meine Zukunft. Und all mein Erspartes. Eine Investition, die neben Hausbau und einem kranken Pferd eigentlich ohnehin zu groß gewesen war.

Sie stand in der einzigen Box, die nicht mit Rentner- oder Gnadenbrotpferden belegt war, für die ich mein letztes Hemd gab. Sie sollte doch mein Ausgleich, meine Freude, meine Hoffnung und meine Zukunft sein. Ich war am Boden zerstört und sträubte mich lange gegen einen Verkauf. Aber irgendwann hörte ich auf all jene um mich, die das deutlich nüchterner als ich betrachteten, und schaltete zumindest einmal eine Verkaufsanzeige.

Ich hatte mir fest vorgenommen, dass sie blieb und ich eben vorerst dann komplett aufhörte zu reiten, wenn sie nicht den perfekten Endplatz finden würde. Aber fernab all meiner Erwartungen kam ein junger Mann mit seiner Tochter und verzauberte mich mit seinem „Charme". Er hätte selbst Pferde zuhause, sagte er. Er wäre Springreiter und züchtete nebenbei immer ein bisschen. Und seine Frau verlor kürzlich ihren geliebten Schimmel. Sie wollte nicht viel machen, nur gelegentlich eine Runde mit ihrem Mann ins Gelände gehen an freien Tagen. Und außerdem bräuchte er eine zweite Zuchtstute zu seiner Rentnerin dazu, damit die Fohlen später gemeinsam auf die Koppel könnten und einen Spielgefährten hätten. Ich dürfte sie jederzeit besuchen und wir könnten problemlos im Vertrag alles festhalten. Dass ich mir ein Vorkaufsrecht sichern würde, sie ausdrücklich nicht in den Sport solle,… Er setzte seine kleine Tochter auf Caprice' Rücken und meinte zu ihr: „Was glaubst du, Leni, sollen wir der Mama die Freude ihres Lebens machen und dieser bildhübschen Schimmelstute ein Zuhause auf Lebenszeit bei uns zuhause schenken?"

OK gut. Ich dachte immer (verrückt aber einfach nur aufrichtig wahr), dass es Pferde nicht schnell irgendwo so schön hätten, wie bei MIR. In meinen GUTEN Händen, in denen das Lebewesen immer an erster Stelle stand und der Sport dahinter, an der zweiten. Und daher sträubte ich mich immer gegen einen Verkauf, obwohl es einfach sachlich gesehen nicht förderlich für mich war, dieses Pferd zu behalten. Und dann stand da plötzlich der perfekte Käufer und ich musste mir eingestehen, dass ich wohl falsch lag. Und nicht alle Menschen schlecht zu Tieren waren.

Also tat ich es. Und stellte meinen Kopf ein einziges Mal über mein Herz.

Ich bekam wochenlang Bilder zugeschickt und alles schien gut zu sein. Also atmete ich durch und nahm das kleine Geld, das mir Caprice' ehrlicher Verkauf mit den gegebenen Umständen gebracht hatte, als Basis für die Suche nach einem neuen Pferd. Und versuchte dabei, mich nicht über den großen finanziellen Verlust zu ärgern und das schlechte Geschäft, das ich gemacht hatte. Ich tat es für sie. Und ein gutes Zuhause war mir mehr wert als viele grüne Scheine. Was übrig blieb, war so wenig, dass ich nicht mehr nach „Sportpferden" suchte, sondern nach reinen „Freizeitpferden". Außerdem hatte ich endgültig die Nase voll von großen, überzüchteten Abstammungen.

„Was Braves für hinters Haus reicht mir. Ich hab' die Nase eh voll vom Sportreiten und Auf-die-Nase-Fallen. Es wird keine zweite Costi geben, ich höre auf zu suchen, und kaufe was, das ich sympathisch finde, das brav ist und ich mir leisten kann. So ist es eben jetzt." – Und damit kam Apple in mein Leben. Ein französisches Warmblut ohne Papiere und Ausbildung. Als sie sich gerade auf der Ranch eingelebt hatte und als waschechte Fuchsstute mit den ebenfalls ranghohen Stuten Costi und Honey erstmal die Fronten geklärt hatte (natürlich gab sie hier in Zukunft den Ton an), begann mein persönlicher Alptraum.

Am Silvestermorgen bekam ich von mehreren Freunden und Bekannten unabhängig voneinander eine Verkaufsanzeige zugeschickt von einem abgemagerten „Sportpferd" mit den schockierten Worten: „Ist das nicht deine Caprice?" Was zur Hölle … Ich musste mich setzen. Auch wenn ich nicht glauben konnte oder wollte, was ich da vor mir sah – es WAR meine Caprice.

Was sollte ich jetzt nur machen? Natürlich war mein damaliger Ehemann wieder einmal nicht zuhause. Also griff ich panisch zum Telefon.

„Papa, stell dir vor … Was soll ich jetzt nur tun?"

Am Ende verbrachte ich den letzten Tag im alten Jahr damit, Caprice zurück zu mir zu holen. Die Geschichte dahinter ist unfassbar: Der Mann war kein lieber Familienvater mit einem Herz für Pferde und den Reitsport, sondern ein verlogener Pferdehändler. Ein Verbrecher, der einfach nur das große Geld witterte. Er belog mich nach Strich und Faden, um Caprice am Ende billig einzukaufen und sehr teuer weiterzuverkaufen. Und wieder weiterzuverkaufen. Das war und ist wohl eine typische Masche. Und mit den richtigen Mengen an verabreichten Schmerz- und Beruhigungsmitteln eine gängige Praxis des Pferdehandels.

Ganz alleine und mit Wut im Bauch, die für fünf Männer ausgereicht hätte, fuhr ich als blonde junge Frau alleine zu ihm auf den Hof – die Polizei auf der Kurzwahltaste meines Handys gespeichert – und stellte ihn zur Rede. Die aktuellen Händler, die Caprice in ihren Fängen hatten, wollten einen 6-stelligen Betrag für sie. Ich war machtlos … dachte ich. Aber ich war so hasserfüllt, dass ich ihn anschrie, ihn beschimpfte und ihm androhte, sofort Strafanzeige zu erstatten und ihn öffentlich (mein Instagram Account war damals zwar noch nicht beachtlich groß, aber doch so, dass ich sehr viele Menschen aus meiner Region damit erreichen konnte) an den Pranger stellen würde. Er war nicht nur Pferdehändler, sondern auch namhafter Springreiter und führte einen Betrieb, der neben dem Pferdehandel die Familie ernährte. Und das noch dazu aus meiner Gegend. Und während er über eine angedrohte Strafanzeige und meine Anwesenheit an sich einfach nur hämisch lächelte, machte ihm die Öffentlichkeit Angst. Und so fuhren wir gemeinsam los (in separaten Autos), mit einem Anhänger hinten dran und holten Caprice zurück nach Hause.

Naja ok, das klingt zu schön. Es war eine Farce. Ich hatte keine freie Box, keine Möglichkeit, keine Idee, wie ich dieses Problem lösen sollte. Also blieb sie vorerst bei ihm auf dem Hof, ich fuhr jeden Tag zu ihr, hatte ihre Papiere und damit ihr Eigentum wieder in meinen Händen und mein Kopf überschlug sich dabei, eine Lösung für dieses Problem zu suchen. Nur eines stand fest: Sie blieb unter meiner Obhut.

Bis zum Silvesterabend war ich zurück zuhause. Ich wollte todmüde und seelisch erschöpft einfach ins Bett fallen, aber meine Nachbarn beschlossen, es wäre eine gute Idee, ihr Feuerwerk ab 17 Uhr gerne direkt pausenlos neben meinen Pferden zu zünden. Happy new year, liebe Manu. Mittlerweile war ich zwar nicht mehr alleine, aber trotzdem mit meiner Welt am Ende.

Nach einer Odyssee der Sorgen kam ich mit Caprice auf dem Pferdehof in meiner Nachbarschaft unter. Ich hatte in der Betreiberin, Stella, eine Freundin gefunden und durfte dort außerdem im Winter ihre Reithalle nutzen. Wir gingen oft zusammen reiten, und so bot sich am Ende diese Möglichkeit, für die ich sehr dankbar war.

Ich hatte Caprice dann zwar nicht direkt zuhause auf der Ranch. Aber nur 500 Meter weit davon entfernt. Sie teilte sich einen Offenstall mit einem Scheckpony. Das meiner Nachbarin. Sie durfte endlich zur Ruhe kommen und so fügte sich alles. Auch wenn ich nie wieder auf ihrem Rücken Platz genommen habe. Sondern sie einfach nur Pferd sein lassen habe, für deren seelische Genesung ich gerne monatlich noch meinen letzten Cent Geld zusammengekratzt habe.

Mein schlechtes Gewissen hat das niemals beruhigt. Aber trotzdem war es das, was ich im Hier und Jetzt immerhin für sie tun konnte. Als Costi in den Himmel umzog, kam Caprice zurück nach Hause. Zusammen mit Apple. Und natürlich zu den Ponys, die sie noch von damals kannte.

Wie es nun aber dazu kam, dass meine Freundin sie am Ende sattelte und wir gemeinsam zu viert zu einem Ausritt aufbrachen? Eine ausnahmsweise mal sehr schöne Geschichte. Denn in der Freundin, Mia, fand meine Schimmeline ihren Herzensmenschen. Sie war anders als meine Freunde aus dem Reitsport. Für sie stand nicht der Sport im Vordergrund, sondern die Seele hinter dem Lebewesen, die lieber über Wiesen galoppieren wollte, als Parcours zu überwinden oder in einem großen Sandkasten zu tanzen. Sie war wie eine Ronja Räubertochter in einer Welt voller Wendys, frei von jeder Erwartung und auch frei von jeder Angst – und das war genau das, was Caprice in ihrem Leben gebraucht hatte. Ihre persönliche Pippi Langstrumpf. Mit der sie frech sein konnte … und wild … und wunderbar.

Ja. Das war wirklich wunderbar … und so ist es auch eine Tatsache, dass niemand etwas dafür konnte, dass dieser Ausritt nicht in einer unbeschwerten, glücklichen Auszeit enden sollte, in der die Seele atmen konnte – so wie all die wundervollen gemeinsamen Ausritte zu viert zuvor. Sondern in einem Reitunfall, in dem meine Apple mit mir am Waldrand bergab auf der morgens noch feuchten Wiese ausrutschte und stürzte. Ich mit dem Kopf auf eine Baumwurzel prallte und Apple schließlich panisch im gestreckten Galopp alleine Richtung Hauptstraße fetzte.

Als sie wieder auf die Beine kam, lag ich noch neben ihr und wollte mir binnen Millisekunden ihren Zügel schnappen. Ich wusste, sie würde laufen. Weil sie Angst hatte und nicht wusste, wie ihr geschah. Und weil bei ihr, wenn es drauf ankam, schon immer das Vollblut in ihr durchkam, das gerne mal explodierte, bevor es sich sammelte. Aber ich war zu langsam.

„Geht es dir gut so weit? Hältst du hier kurz alleine durch?“

„Ja, alles gut. Mir ist nur furchtbar schwindelig, bitte halte Apple auf! Tu irgendwas. Bitte.“

Aber das hörte sie nur noch halb. Nach dem ersten „Ja" galoppierte sie los mit der Schimmeline. Sie wusste, sie hatte keine Zeit. Und nur diese eine Chance. Wenn man so will, war das damals die Bewährungsprobe für ihr einzigartiges Band. Und es riss nicht, sondern hielt. Ganz stabil und unkaputtbar.

Und es ließ mich trotz Schwindel und Angst voller Tränen der Rührung zurück, als ich sah, dass Mia sich in dieser Extremsituation auf Caprice verlassen konnte. Und sie nicht stieg und noch mehr Schaden anrichtete ... sondern zielgerichtet meiner panischen Apple hinterherjagte und sie im Galopp einfing. Um am Ende beide unversehrt zurück nach Hause zu bringen.

Dafür bin ich Mia und meiner, ihrer Schimmeline bis heute dankbar. Plötzlich holte mich ein heranfahrendes Auto aus meinen Gedanken. Mia hatte zuhause die Pferde abgesattelt und versorgt, Apples kleine Wunden sauber gemacht – und meinen Mann geschickt, um mich zu holen.

„Oh mein Gott, Manu, geht es dir gut? Ich habe mir solche Sorgen gemacht, ich hätte dich verlieren können! Mia hat mich geschickt, sie hat die Pferde sicher nach Hause gebracht." Er nahm mich weinend in den Arm und wir fuhren gemeinsam nach Hause.

„Apple fehlt nichts?"

„Nein, ihr geht es gut. Mia hat ihre Schürfwunden schon versorgt, bevor sie zur Arbeit musste. Du kannst ins Haus und dich etwas hinlegen."

Ich schaute hinter zur Weide, auf der die Apfeline zufrieden mit Caprice und den Ponys graste, und nahm meinen kaputten Reithelm vom Kopf.

„Warum liegt hier Sand?", fragte ich ihn, während mein Blick nach rechts zu unserem erst kürzlich angelegten Allwetter-Auslauf wanderte.

Und plötzlich überkam mich eine unbeschreibliche Panik.

„Costi! Sie ist nicht zuhause! Du hast gesagt, Mia hätte alle heil nach Hause gebracht! Wo ist Costi? Sie wird doch nicht zur Straße gelaufen sein? Oh, mein Gott, schnell, lauf, wir müssen sie finden!"

Er nahm mich in den Arm.

„Costi ist im Himmel. Wir mussten sie doch letzte Woche gehen lassen. Erinnerst du dich nicht? Sie ist nicht mehr hier. Komm, wir fahren zum Arzt."

„Wir mussten Costi erlösen?"

Ich stand mit einer Gehirnerschütterung und einer großen, befremdlichen Leere im Herzen inmitten meiner geliebten Ranch. Und einfach alles fühlte sich falsch an.

„Ich will nicht zum Arzt, ich lege mich einfach ein bisschen hin."

Als ich wieder aufwachte, stand meine Schwester Sabine in meiner Küche und bereitete Abendessen für uns vor.

„Oh hi! Was machst du hier?"

„Naja, nach was sieht's denn aus? Ich koche uns was Leckeres. Tom hat mich angerufen … Geht es dir gut?"

„Ja … schön, dass du da bist. Danke. Aber warte, ich muss erst noch die Pferde füttern, bevor wir essen. Ich hab' gar nicht auf die Uhr geschaut, wie spät ist es?"

„17.30 Uhr und entspann dich, ist alles schon erledigt!", sagte sie, während sie draußen auf der Terrasse den Tisch für uns deckte. Die Terrassentür stand offen und mir fiel einmal mehr auf, wie sehr ich die Sicht auf die Berge und zu den Pferden doch liebte.

„Schau, wie sie ihr Heu mümmeln, während die Sonne Zauberlicht in die Berge schickt." Sie zwinkerte mir zu. Sie wusste, wie sehr ich diesen Anblick liebte und ihn immer wieder bildlich mit meinen Worten in Magie hüllte. „Atme durch. Alles schon erledigt, wir machen uns einen gemütlichen Abend."

„Du? Aber du hast doch Angst vor den Pferden?"

„Naja, zum Heufüttern hat's gereicht!", grinste sie.

„Danke!"

Plötzlich hörten wir, wie oben im Büro die Tür aufging und mein Mann Tom die Treppe herunterkam.

„Ich muss morgen früh los, bin übers Wochenende weg."

„Du musst WAS? Und erfährst das WANN?"

„Es ist eine Tagung. Zahnärzte können eben nur am Wochenende!"

„Und das erfährst du spontan am Freitagnachmittag, dass du am Samstagmorgen los musst und 600 km weit entfernt dein Wochenende verbringen musst, um zu tagen?!"

Meine Stimme wurde laut und meine Gedanken plötzlich wieder sehr klar.

„Wem willst du diesen Bären noch länger auftischen? Mir reicht's!"

Diese spontanen Ankündigungen von Abschieden übers Wochenende waren nichts Neues. Um ehrlich zu sein, gab es sie, seit es UNS gab.

Also seit vielen Jahren. Aber ich hatte sie nie hinterfragt. Sondern immer akzeptiert … Vielleicht hört sich das eigenartig an, aber ich kann gut alleine sein, bin mit meinem Leben zufrieden und durch die Tiere ohnehin immer ausgelastet. Auch am Wochenende. Und so kam es, dass seine dauernde Abwesenheit Teil unseres „Deals“ wurde. Wir hatten ein Haus gekauft im Gäuboden, dem Ort von Costis Reitsportanlage, in die ich jahrelang pendelte. Meinem zweiten Zuhause, wie ich dachte.

Es war ein typisch bayerisches Haus. Mit schöner Grundsubstanz. Aber: Es war schon etwas in die Jahre gekommen und renovierungsbedürftig. Also kauften wir es, um es dann gemeinsam mit meinem Papa kernzusanieren. Es war mein (unser) erstes eigenes Haus und unser erstes Projekt in diese Richtung. Es war viel Arbeit – aber es war schön, etwas von Hand zu erschaffen und am Ende ein tolles Ergebnis der eigenen Arbeit zu sehen. Anfangs war nach dem Einzug alles spannend. Doch fernab der Zeiten im Stall bei meiner Costi und meinen Freunden dort fühlte ich mich sehr einsam.

Und so kam es schnell, dass auch ich immer am Wochenende meine Tasche packte und zu meinen Eltern in mein ehemaliges Kinderzimmer fuhr, um das Wochenende nicht alleine in diesem riesengroßen Haus verbringen zu müssen, wenn mein Mann beruflich unterwegs war. Irgendwie fanden wir nicht wirklich diese Routinen, dieses Gefühl vom „Angekommen sein“, das eine junge Ehe eigentlich kennen und lieben sollte, wenn sie gerade ein gemeinsames Zuhause aufgebaut hatte.

Das Schönste an dieser Zeit damals war der Einzug von James. Meinem ersten eigenen Hund. Einem Chihuahua-Welpen, den ich mir 27 Jahre lang gewünscht hatte. Im Haus meiner Eltern wollten sie lange keinen Hund. Und wir alle kennen den Spruch aller Eltern: „Wenn du deine eigenen vier Wände hast und sie dir selbst finanzierst, dann kannst du so viele Tiere haben wie du möchtest!“

Oh well … Tiere hatte ich vorher schon und beim Thema Pferde war mein Papa auch definitiv mein „Partner in Crime“ für alle „Felle“. Aber er war gegen einen Hund im Haus – auch wenn es nur ein Chihuahua war, den ich mir wünschte. Und so kam es, dass es als Eigentümerin eines eigenen Hauses nun also meine größte und schönste Tat war, mir diesen Wunsch zu erfüllen. Im Nebenort waren Welpen inseriert. Und ich fuhr, so versicherte ich meinem Mann am Telefon, der mal wieder beruflich unterwegs war und leider nicht mitkommen konnte, dass ich wirklich „nur mal zum Anschauen“ vorbeifahre.

Natürlich blieb es nicht dabei. Als mir diese Handvoll Hund in Weiß mit beigen Flecken in Form eines Herzes und der rosafarbenen Nase entgegen gelaufen kam, die später einmal schwarz werden sollte … war es um mich geschehen, und ohne zu zögern sagte ich JA und kaufte mir diesen Hundewelpen. Und er brachte die allergrößte Freude in mein Leben, weil er ein Freund war, wie ich vorher noch keinen hatte. Einer, der wirklich IMMER an meiner Seite war. Einer, der mich in diesem riesengroßen Haus auf Schritt und Tritt verfolgte und dafür sorgte, dass ich mich nicht mehr ganz so sehr alleine fühlte.

Wenn wir nicht gemeinsam im Stall bei den Pferden waren oder zuhause alle gängigen Basics der Hundeschule übten (er ist so unendlich schlau, er lernt so schnell und kennt bis heute all seine Spielsachen beim Namen. Sein Favorit: ein kleiner Straußenvogel, der vor langer Zeit einmal quietschte. Benannt nach einem großen Politiker: Franz Joseph Strauß. Wir hielten das Level ein bisschen höher als über dem regulären „Quietschi", was Gäste bis heute zum Lachen bringt, wenn er auf Kommando anläuft, um den „Franz Joseph Strauß" aus seinem Spielzeugkorb zu holen und ihn unter die Gäste zu mischen).

James war perfekt. Er hatte nur ein Problem. Er war so schüchtern und zurückhaltend als kleiner Knopf mit wenig Selbstbewusstsein, und damit hatte er Angst vor den anderen Hunden im Stall, die Rassen waren wie Jack Russel, Schäferhunde und sogar Doggen. Er hatte keinen einzigen Hundefreund.

Und so fuhren wir ein halbes Jahr später wieder in den Nachbarort, um aus einem weiteren Wurf (der passiert war, weil es wohl so sein sollte) seine Vollschwester Emma zu kaufen. Eine blue tan farbene Hündin, wie gemalt. Sie war mit ihren acht Wochen genauso klitzeklein wie er damals. Aber sie war nicht schüchtern, sondern richtig keck. Und lief James, der sich vor Angst vor dem Welpen erstmal wegdrehte, einfach so lange nach, bis er ihr Freund wurde. Ihr Bruder. Sie sind meine Hundekinder und haben mir damals eine Freude in mein Leben gebracht, die bis heute unbeschreiblich ist. Seit diesem Jahr 2015, in dem ich sie bei mir aufnahm, war ich nie wieder allein.

Die Ponys lebten damals nebenan.

Ich hatte sie von meinen Eltern abgeholt und mit in den Gäuboden genommen, noch bevor ich James und Emma zu mir holte. Weil ich trotz meiner jungen Ehe immer alleine war. Und mir ein Stück von Zuhause wünschte. Ich habe es nie ausgesprochen. Aber ich hatte Heimweh. Und die Ponys waren für mich ein Stück Zuhause. Also zogen sie zu mir. Sie kamen beim Bauern nebenan unter. Unser Haus stand in einem kleinen Dorf und 80% der Fläche dort waren seine Grundstücke. So auch die Wiese gegenüber von unserem Haus, auf der ich den Ponys einen Unterstand bauen durfte und sein Heu und Wasser nutzen, da seine Gebäude auf der anderen Seite angrenzten – näher als mein Haus.

Das lief eine Weile ok (mehr nicht) und dann wurde die Situation aber immer angespannter. Nein, die Ponys waren zuhause bei meinen Eltern im alten Stall meines Opas, meinem Stall, einfach so viel besser aufgehoben. Das musste ich mir eingestehen. Es war ein Versuch, der am Ende nicht funktionierte.

Und James und Emma, meine Hundekinder, wichen mir zwar niemals von der Seite – aber sie konnten nun mal eben nicht meinen Partner ersetzen. Meinen frisch angetrauten Ehemann, der damals genau DIESES Haus weit weg von meiner Familie und meinem gewohnten Umfeld für uns haben wollte. Und nun aber gefühlt nie da war.

„Du bist nie hier, ich will zurück in den Bayerischen Wald. Ich fühle mich alleine. Und ich vermisse meine Familie. Ich will zurück. Wir könnten doch nochmal von vorne anfangen und ein ganz neues Haus bauen, genau nach unseren Wünschen? Mit einer kleinen Ranch für Costi und die Ponys. Die Ponys nehmen wir gleich mit hin und Costi hat einen Platz für ihren Lebensabend neben mir, wenn sie einmal nicht mehr im Sport läuft, sondern ich ihr die allerschönste Rente schenke, die sie sich so sehr verdient. Und bis alles fertig ist, ziehen wir übergangsweise einfach zu meinen Eltern, so können wir Geld sparen und sie würden sich freuen."

Mir war durchaus bewusst, wie groß diese Aussage war, wie groß und surreal der Traum dahinter, den ich lange in mir hegte und jetzt, an einem gemeinsamen Abend, den wir mit Grillen im Garten verbrachten, spontan in den Raum warf. Ohne jede Vorwarnung. Ganz unverhofft und doch so bestimmt.

Deswegen ergänzte ich ganz schnell: „Dann kannst du unterwegs sein und ich ZUHAUSE. Und wir müssen nicht immer deswegen streiten."

Ich rechnete mit vielem, aber er sah mich an, und als ob er irgendwie damit gerechnet hätte und etwas gutzumachen oder gar ein schlechtes Gewissen zu beruhigen gehabt hätte, sagte er: „Ok, wenn wir das Haus hier gut verkauft bekommen, dann machen wir das. Ich bin ja beruflich unabhängig von meinem Standort. Und wenn ich ehrlich bin, ist mir im Gegensatz zu dir egal, in welchem Ort wir leben."

Und damit hatten wir einen Deal, und ehe wir uns versahen, fanden wir uns mitten in der Planung und dem Design unseres modernen Fertighauses wieder, an das ein Stückchen Land angrenzte, das später einen kleinen Pferdestall beherbergen sollte, den wir von Hand selbst aufbauen wollten (genau wie den Innenausbau des Hauses, wenn das Grundgerüst einmal stand), um das ganze große Projekt irgendwie finanzierbar zu halten.

Der kleine Pferdestall war neben dem durchaus tollen Neubau von Tag eins an das Herzstück dieses Projektes, welches mein Papa und ich von Hand gemeinsam aufzeichneten, Pläne machten und später Stein auf Stein selbst aufbauten – bis aus meinem Kindheitstraum nach einem lange durchlaufenen Behördenwahnsinn und einer fast aussichtslos scheinenden Suche nach einem Baugrundstück, welches beides ermöglichte, Haus UND Stall, am Ende doch Realität wurde.

Ich habe ihm diese beruflichen Geschichten lange geglaubt, da ich jemandem, den ich liebe, dem ich mein „JA" für immer gegeben habe, nun mal blind vertraue. Aber seit diesem Sommer war das anders. Genau genommen seit dem Geburtstag meiner Schwester im August. Wir saßen und feierten und lachten und aßen. Und aus dem Nichts fragte Janina, Sabines beste Freundin, meinen Mann:

„Tom, was machst du denn immer an der Bushaltestelle in Auberbach? Hast du eine Fahrgemeinschaft? Auf wen wartest du dort immer?"

Sabine verschluckte sich an ihrem Glas Wein. Sie kannte ihre beste Freundin. Sie kannte ihre Fragestellung. Ihren Charakter. Hinterfragend. Nichts und niemandem trauend. Bohrend. Die beiden sind und waren schon immer anders als ich.

Während ich mich als gutgläubiges, friedliebendes Pferdemädchen charakterisieren würde, romantisch und vertrauensvoll, vom Typ „naiv" und ehrlich, eine richtige „Wendy" eben, waren die beiden mit ihrer „Miss-Marple-mit-Biss-Energie" sinnbildlich die Intrigantinnen der Boxengasse, die zwischen Mistgabeln, Heunetz und Satteldecke bestimmt jedes Geheimnis aufdeckten. Meine Eltern und ich sahen uns durch die lange Tafel hindurch wortlos an. Allgemein wurde es leise am Tisch. Nur einer wurde laut.

„Was bildest du dir eigentlich ein?! Ich stehe an keinen Bushaltestellen und habe keine Fahrgemeinschaften!“

„Aber ich fahre doch täglich den Weg zur Arbeit und zurück. Und sehe dich regelmäßig dort stehen und telefonieren. Dein unverwechselbares Kennzeichen, der schwarze Audi A 7 – darin der schicke Mr. NETT, weißt du noch, eure Kennenlern-Story? Ich denke nicht, dass ich das Auto oder dich verwechsle. Ganz im Gegenteil. Ich achte seit Wochen penibel darauf.“

„Du machst WAS?“, fuhr ich ihn an.

„Gar nichts! Was soll das hier?!“

Es wurde immer lauter auf der einen und immer leiser auf der anderen Seite, und bevor die Situation eskalierte, hörte ich mich aussprechen:

„Janina, ich glaube, du irrst dich, was sollte Tom denn machen?“

„Wie du meinst, Manu. Wie läuft die Tierfotografie? Und das Dasein als Influencer?“

„Gut, Janina. Danke!“

Ich war so sauer auf sie. Was sollte das? War ihr eigenes Leben so langweilig und alle Intrigen des Dorfes aufgeklärt, dass sie sich jetzt an meiner Ehe auslassen musste?“ – war mein erster Gedanke. Und der zweite dann …

Warum soll sie das erfinden? Was hätte sie davon?

Wir verabschiedeten uns nach Kaffee & Kuchen. Im Auto, als wir alleine waren, hakte ich nach. Und die Situation eskalierte. Anstatt cool zu bleiben wie jemand, der nichts zu verbergen hatte und nichts von den Intrigen dieser jungen Frau hielt, verhielt er sich ertappt. Schlug um sich. Wurde laut. Und wir stritten uns so laut, dass die Hunde sich auf dem Rücksitz in ihrer Hundebox verkrochen. Sie hassten es, wenn wir uns stritten. Aber auch wenn wir dachten, dass wir uns liebten, war das von Tag eins an Teil unserer Beziehung. Charakteristisch für uns. Große, laute Meinungsverschiedenheiten über fundamentale Dinge. Wie auch kurz vor unserer Hochzeit, als der Verlobungsring durch die Wohnung flog und unsere damalige Vermieterin klingelte, um zu fragen, was los sei. Ob sie was für uns tun könne, weil sie sich Sorgen mache.

Der erste Weg führte mich zuhause hinter zu den Pferden und ich fing, um Costis Hals geschlungen, an zu weinen. Was, wenn es wahr war und Janina Recht hatte? Was, wenn er was zu verbergen hatte? Was, wenn unser gemeinsames Leben auf unserer Ranch in den Bergen nicht so glücklich war, wie es nach außen hin schien?

Die Hunde saßen neben mir und wichen mir nicht von der Seite. Sie wären niemals bei ihm im Haus geblieben.

„Los, wir drehen eine Hunderunde und rufen Tante Lena an!"

Und dann sprangen sie aufgeregt schwänzelnd auf und wir sausten los. Eine Runde gehen und mit meiner besten Freundin telefonieren.

„Bleib' ruhig Manu, wir beobachten das und warten ab. Ich glaube an das Gute. Selbst wenn er an der Bushaltestelle gehalten hat, er muss doch viel telefonieren beruflich. Vielleicht ist alles nur ein Missverständnis?"

Damit habe ich es vorerst gut sein lassen. Ich wusste, dass es Männer gibt (oder besser gesagt Menschen im Allgemeinen), denen man besser nicht vertraute. Aber in meiner Welt, mit dem Bergblick und den Ponys hinterm Haus … Da ist ja alles gut … Dachte ich. Sowas passiert mir nicht.

Zurück zum Abend nach meinem Reitunfall, als ich neben meiner Schwester nun also in meiner Küche stand und ihn ankeifte.

„Nach dem Tohuwabohu an Sabines Geburtstag und ausgerechnet dem Tag heute stehst du nun also vor mir und willst mir versichern, dass du das wirklich gerade eben spontan erfahren hättest und nun also wirklich 400 Personen, genau wie du, spontan deutschlandweit übers Wochenende zu diesem Kongress anreisen müssen??? Ich glaube dir kein verdammtes Wort!"

Wir standen auf der Terrasse unseres Hauses und redeten uns in Rage. Ich hatte so lange alles geschluckt. Es war, als hätte es sich in mir angesammelt und explodierte jetzt wie ein Vulkan, der plötzlich Feuer spie, nachdem er jahrelang innerlich gebrodelt hatte. Ich glaube, „wir redeten uns in Rage", ist die falsche Bezeichnung. Und „wir stritten und schrien uns in Rage" die deutlich zutreffendere Variante. Unsere Worte prallten wie Türen aneinander, zu laut, zu schnell, zu stark. Wenn man so will, wurden sie zu Waffen. Und just in dem Moment, in dem meine Schwester in der Terrassentür auftauchte, um uns nach drinnen zu verfrachten und zu beschwichtigen, damit wir hier auf unserer wunderschönen neuen Holzterrasse nicht die Bühne für die Abendshow der Nachbarn lieferten, höre ich ihn schreien:

„Hör endlich auf!", und bevor ich antworten kann, klatscht seine harte, flache Hand in mein Gesicht.

Nach einem großen Knall dann plötzlich eine große Stille in mir, als hätte jemand den Ton abgedreht. Mein Kopf, der ohnehin vom Unfall am Morgen nicht ansatzweise in der Höhe war, fing an, im Takt meines Pulses zu hämmern. Es riss ihn, als hätte er sich verschluckt, und während er mich mit leerem Blick ansah, prasselten auch schon die Worte aus seinem Mund: „Es war nicht so gemeint!"

Irgendwo hinter dem Dröhnen und meiner Sprachlosigkeit fand ich meine Stimme wieder: „Es war gemeint genug. Diesmal sind wir zu weit gegangen."

Sabine wusste nicht, wie ihr geschah, und trat wortlos zur Seite, als er ihr entgegenhastete, um zurück in sein Büro zu schleichen.

„Was machen wir jetzt, Manu? Ich hab' das alles gesehen."

„Essen", sagte ich.

„Ich habe die Tagung abgesagt, ich fahre morgen früh zwar hin, breche dann aber nach den wichtigsten Punkten ab und komme abends wieder nach Hause.", stand er plötzlich unerwartet neben uns am Tisch und holte sich einen Teller.

Als ich am nächsten Morgen mit Schmerzen von Kopf bis Fuß, also dem typischen Gefühl nach einem Schleudertrauma, aufwachte, kämpfte ich mich aus dem Bett, um die Tiere zu versorgen. Aber als ich in die Küche kam und über die bodentiefen Fenster hinter zu den Pferden sah, während ich die Hunde fütterte und mir erstmal einen Kaffee machte, sah ich, dass schon alles erledigt war.

Das Bild meines Mannes im Anzug und weißem Hemd und nicht den üblichen Stallschlappen, sondern bereits den schicken Anzugschuhen aus italienischem Leder, brannte sich tief in mein Gedächtnis. Weil ich es nicht herzerwärmend schön fand, wie er mit seiner RayBan und dem Schubkarren in der Hand Heu zu den Pferden brachte … sondern einfach nur falsch.

Plötzlich hörte ich die Tür hinten in der Garage, die zu den Pferden führte. Und dann, wie sich das Garagentor öffnete und eine Autotür. Er hatte nichts eingepackt außer seiner Aktentasche und der Sonnenbrille und kam noch kurz kleinlaut in die Küche.

„Du hast die Pferde gemacht, ausgerechnet heute, wo du so früh los musst?"

Und ich wollte weiter sagen:

„Das hast du ja sonst auch noch nie gemacht!" – Aber schluckte es hinunter, um nicht noch mehr Öl ins Feuer zu kippen.

„Danke!", hörte ich es leise aus meinem Mund sprechen, ohne ihm dabei ins Gesicht zu sehen.

„Es wird spät heute Abend!“, ließ er mich beim Rausgehen wissen.

Ich drehte mich nicht nach ihm um, sondern schaute gedankenverloren nach vorne zu den Pferden. Alles lag so friedlich im Nebel des Morgens, während sich langsam die Sonne durch die Berge kämpfte. Es war einer dieser Septembermorgen im Herbst, die ich so sehr liebte. Das Jahr verabschiedete sich mit den fallenden Blättern und zum Abschied ließ es sie nicht trist von den Bäumen fallen, sondern im leichten Sonnenlicht noch einmal richtig bunt tanzen und strahlen. Und wäre es nicht so traurig gewesen, wäre es ein Morgen mit Marmeladenglas-Moment-Potenzial gewesen.

Den ganzen Tag über kämpfte ich mit körperlichen Beschwerden und einer unheimlichen seelischen Belastung, wie ich sie noch nie zuvor erfahren hatte. Ohne zu wissen, was kommen sollte, wusste es mein Herz lange vor meinem Kopf. Spätnachts hörten die Hunde ein Knacken unten im Haus, sprangen aus dem Bett und liefen hastig schwänzelnd die Treppe hinunter. Sie dachten, er wäre nach Hause gekommen. Aber das war er nicht. Auch um 3 Uhr morgens nicht.

Ich stand im Schlafanzug bibbernd im Flur unseres von der Nacht dunklen Hauses und in meinen Gedanken stand sein Schatten vom Morgen, als er mit seiner Aktentasche die offene Küche verließ, noch vor mir. Wie eine Erinnerung, die noch nicht weiß, dass ihre Zeit abgelaufen ist. Kein Schlüssel in der Tür, kein Auto in der Garage, keine Nachricht auf meinem Handy. Nur das Haus atmet und ich spüre es mit jeder meiner vom Unfall schmerzenden Rippen. Plötzlich laufe ich los ins Gästebad neben der Haustür, meinem Körper wird ganz heiß und vom Schwitzen bekomme ich einen Ausschlag, der sich unterhalb der Brust um meinen Körper wickelt. Ich kann nicht aufhören, mich zu übergeben. Es schießt wie Bäche aus meinem Inneren. So lange, bis ich nur noch gelbe Galle hoch würge. Und während die kalten Fliesen unter mir sich nach bitterbösem Abschied anfühlen, weichen mir meine besten Freunde nicht von der Seite. Wir sind ein bisschen näher zusammengerückt.

Ich schaue in ihre schwarzen, treuen Knopfaugen und höre, wie mein Mund ihnen eine Tatsache erklärt, die in meinem Kopf erst lange nach meinem Bauch angekommen ist:

„Er kommt nicht mehr zurück.“, flüstere ich.

„Er kommt nicht mehr zurück!“

Ich öffne das Fenster, und während ich mich fertig mache, weil die Pferde auf mich warten, zieht eine kalte Luft herein, die nach nassem Asphalt riecht. Es hatte geregnet nachts. Es war kalt geworden. Also ziehe ich den Chihuahuas ihre kleinen Mäntelchen an.

„James, Emma, Lotti? Ab nach draußen mit uns! Die Arbeit wartet!“

Die folgenden zwei Wochen verwandelten mein einstiges Paradies zu meiner persönlichen Hölle auf Erden. Denn ich wahrte für die Umgebung den Schein unseres vermeintlich glücklichen Lebens, während ich innerlich täglich ein Stück mehr zerbrach. Ich verdrängte, dass es der 4. Oktober war – und damit unser 6. Hochzeitstag. Nachdem Mia, meine Nachbarin und Freundin, tagsüber bei mir vorbeikam, um sich zu versichern, dass ich keine Dummheiten in welcher Art und Weise auch immer beging, und eine Flasche Prosecco mit mir trank, um den Schmerz hinunterzuspülen (neben meinen Eltern und meiner Schwester war sie die einzige, die von den Geschehnissen der letzten Wochen bisher wusste, weil ich es morgens bei einem unserer Ausritte einmal nicht mehr aushielt und in Tränen ausbrach. Sie dachte es sei, weil ich nach meinem Unfall bisher nicht mehr draußen war mit Apple und plötzlich Angst bekam. Und ich hatte in der Tat ein ungutes Gefühl und wollte diesen Ausritt im Herzen auch gar nicht. Aber noch weniger wollte ich diesen viel größeren Druck in mir, dessen Last ich durch unseren Ausritt entkommen wollte. Weil … sechs Beine und zwei Herzen … nun mal ein bisschen mehr ertragen können als zwei Beine und ein einsames, zerschmettertes Herz …) –, traf ich meine Eltern zum Mittagessen. Bei unserem Lieblingsitaliener im Ort. Und wenn ich tatsächlich zumindest den Hauch einer Lust auf Essen verspürte – dann auf Spaghetti Pomodoro.

Ich hätte auf dem Weg vom Parkplatz zum Restaurant mein Handy nicht in die Hand nehmen sollen. Denn es zeigte eine neue Nachricht an. Von Tom.

„Oh, mein Gott, er denkt an unseren Hochzeitstag. Endlich meldet er sich. Er kommt nach Hause!“, meine Gedanken überschlugen sich und auch die Frage des „Aber will ich das?! Kann ich das alles vergessen? Verzeihen?“ wurde immer lauter. Und während mein Kopf noch mit meinen eigenen Gedanken beschäftigt war, lasen meine Augen emotionslos die Zeilen, die vor ihnen aufploppten:

„Ich will die Scheidung. Ob friedlich oder Rosenkrieg – ich bin auf beide Optionen vorbereitet.“

Herzlichen Glückwunsch zum Hochzeitstag hörte ich meinen Kopf schreien, während es mir mein Herz abschnürte und die Tränen in meine Augen schossen. Ich atmete einmal tief durch, ich stand mittlerweile nämlich mitten auf dem Stadtplatz vor der großen Holztür des Italieners. Mama und Papa warteten schon auf mich und begrüßten mich mit den Worten: „Nudeln und Weinschorle sind schon für dich bestellt!"

Mit einem großen Schluck spülte ich meine aufsteigenden Tränen wieder hinunter.

„Ich kann nichts essen, ich muss euch was sagen!", stammelte ich vor mich hin. Mehr brachte ich nicht heraus. Und das musste ich auch nicht. Sie wussten es.

Genau wie die Frau meines Lieblingsitalieners, die die letzten Jahre über, in denen ich an ihrem Tisch saß, mehr zu einer guten Bekannten und Vertrauten wurde als zu lediglich einer Person, die mir mein Essen servierte und dabei auch meist ein paar trockene Rigatoni für James, Emma und Lotti mit dabei hatte, weil sie die so gerne mochten. Und sie die kleinen Hündchen, die ebenfalls zu ihren Stammgästen zählten. Sie packte mir wortlos mein Essen ein, das ich nicht angerührt hatte, und während sie mir meine „Doggy Bag" gab, streichelte sie mir kurz über die Schulter. Sie wusste es auch.

Als ich nach Hause kam, strahlten die Wände in reinem Weiß, die geometrisch gefalteten Decken lagen perfekt auf ihrem teuren Ledersofa. Die glatte, auf Hochglanz polierte Kücheninsel in strahlendem Weiß, das in Kontrast zu den kupferfarbenen Küchenschränken stand, das blaue Licht des Weinkühlschranks in der Küche, die stillen Zimmer. Alles leuchtete in seiner gewohnten, perfekten Makellosigkeit. Und trotzdem rückte nichts davon auch nur einen kleinen Zentimeter auf mich zu. Das Haus riecht anders als zuvor. Nicht mehr nach Geborgenheit, die einen gemeinsam mit all den Tieren einhüllt, wie eine warme Decke. Es riecht nicht mehr nach Zuhause. Und die Stille um mich herum knistert, als ob das Haus mich anlügen würde. Mein Blick richtet sich auf den leeren Kleiderbügel, den er in der Garderobe zurückgelassen hatte, als er beim Gehen seine Jacke überzog. Ich schubse ihn an und er pendelt ganz leise und leicht in der schweren Garderobe aus Holz hin und her, als möchte er mir zeigen, wie wenig hier in diesem Haus wirklich ernsthaft Gewicht hatte.

Er hielt nie viel davon, ein Haus mit Leben und Erinnerungen zu füllen. Alles sollte clean, modern und geradlinig wirken und keinesfalls überfüllt oder voll von Ecken und Kanten. Und so kam es, dass es nur ein einziges Bild von uns an der Wand gab. Von dem Tag unserer Hochzeit, als ich in einem weißen Kleid, in dem ich mich nie richtig wohlfühlte, weil es nie richtig zu mir passte, in seinen Armen meinen Brautstrauß zur Seite streckte. Nach außen grinsend, obwohl ich mich innerlich bitterlich über die falsch gelieferten Blumen ärgerte. Im Nachhinein eingefärbte Hortensien, meinen Lieblingsblumen. Die statt in weißer Ursprünglichkeit nun in Tintenblau erstrahlten – und noch lange nicht das Lila ersetzen konnten, das ich mir gewünscht hatte. Das Bild hängt im perfekten Rahmen an der Wand. Wir zwei. Symmetrisch. Mit der Sonne im Gesicht. Standardisiert. Ich drehe es leicht schief. Doch als ich es loslasse, fällt der Winkel wieder ins exakte Maß der Wasserwaage zurück, mit der es damals aufgehängt wurde.

„Betrug!", denke ich.

Es sind ein paar Wochen vergangen, in denen die Hunde jede Nacht die Treppe hinunter zur Haustür liefen, wenn sie ein Auto vorbeifahren hörten. Und auch ein paar Wochen, in denen ich dachte, er käme nach Hause. Nicht unbedingt um zu bleiben, sondern zumindest um seine wichtigsten Sachen und ein paar Klamotten zu holen.

Bei jedem durch unsere kleine Straße im Dorf vorbeifahrenden Auto mit Anhänger dachte ich: „das ist er!" –, und als ich einmal von einem meiner Shootings zurück nach Hause kam und der Rasen frisch gemäht war, als ich mit dem Auto in die Einfahrt bog, dachte ich sogar, er wäre nach Hause gekommen um zu bleiben. Und würde sich jetzt entschuldigen, wenn ich die Tür öffnete. Vielleicht sogar mit einem Strauß Sonnenblumen. Den schönsten Blumen des Herbstes, die hinten auf der Ranch knapp zwei Meter hoch in den Himmel ragten und mit der Sonne um die Wette strahlten, genau wie sie mit dem Regen ihre Köpfe der Erde zu neigten. Ich liebte sie sehr. Er wusste das, ich hab' so oft zu ihm gesagt: „Schau Schatz, sie sind tatsächlich aus den kleinen Samen gewachsen, die ich im Frühjahr gepflanzt habe – das ist so wunderschön anzusehen hier hinten am Stall!" Ich parkte das Auto und ging durch die Garagentür in den Gang unseres Hauses und mein Herz schlug mir bis zum Hals.

„Mama! Was machst du hier?!"

Meine Entrüstung konnte ich nicht überspielen, ich war einfach zu perplex, als ich sie in der Küche sitzen sah, wie sie auf mich wartete und schon James,

Emma und Lotti gefüttert hatte, die neben ihr lagen und einen Keksi knabberten, wie es ihn immer von der „Oma“ nach dem Essen gab. Oder manchmal auch schon vorher.

„Manu, man kann das doch so nicht mehr lassen, das Haus und Grundstück verkommt, wenn wir nichts tun. Der Rasen war schon so hoch, ich kam fast nicht mehr durch.“

„Oh Mann, Mama, sag doch was. Ich dachte …“

Aber ich schluckte es runter.

„Danke, Mama!“

An diesem Abend konnte ich endgültig nicht mehr stark sein. Und tun, als ob nichts wäre. Die Fassade wahren, nicht für mich oder meine Familie oder meine besten Freunde. Sondern für die Nachbarn, die uns damals missgünstig mit folgenden Worten am Zaun unseres gerade für viel Geld erworbenen Grundstücks, auf dem wir meinen Lebenstraum aufbauen wollen, begrüßt hatten:

„Ihr könnt schon messen! Ob ihr hier tatsächlich baut, das werden wir sehen! Das haben schon viele vor euch versucht!“

„Äh, hallo, ich bin Manu und das da hinten ist mein Ehemann, T …“, weiter kam ich nicht. Dann drehte man mir den Rücken zu und lief schimpfend davon. Die gegenüber liegende Seite des Zauns war uns nicht unbedingt freundlicher gesinnt. Sie alle hatten auf beiden Seiten unseres Streifens Land seit langer Zeit darauf gehofft, dieses wunderschöne Stückchen Erde erwerben zu können, um ihre eigenen Grundstücke zu erweitern.

Dieses Stück Land, das wir da nichtsahnend erstanden hatten – und das noch dazu als zwar gebürtige Niederbayerin mit Leib und Seele, aber trotzdem noch lange keine vom inner Circle dieses eingesessenen kleinen Dorfes, das immer so idyllisch in den Bergen lag, eingebettet in den Bayerischen Wald, und verheiratet mit einem „Preußen“, wie man hierzulande alles zu nennen pflegte, das makelloses Hochdeutsch und keinen Bayerischen Dialekt sprach – es war das heiß begehrteste Stückchen Land, das man im Umkreis von Kilometern hätte erstehen können.

Ein gerader Landstreifen mit unverbaubarem Bergblick. Das letzte Baugrundstück in der Region, das nicht an einem Hang lag oder in ein Neubaugebiet eingepfercht war, sondern zumindest nach hinten hin in die Ruhe der friedvollen Natur. Wenn wir nur gewusst hätten, worauf wir uns da eingelassen hatten. Warum wir es damals kaufen durften und alle anderen zuvor nicht? Wohl weil wir nett waren zu dem Verkäufer, einem Mann im Dorf, den sonst alle nicht unbedingt mochten und der sich von der Missgunst der Menschheit weit entfernt hielt. Einen seltsamen „Eigenbrötler“ nannten sie ihn. Aber er wusste schon, warum er tat, was er tat. Uns ging es nicht darum, uns mit den Federn dieses Grundstückes zu schmücken. Sondern uns ging es darum, einen Platz zu finden, der es uns im Dschungel der Behörden ermöglichen würde, ein Zuhause für uns und die Tiere aufzubauen. Also ein Wohnhaus mit Stallung.

Und was sich auf einem Bayerischen Dorf als selbstverständlich gestalten sollte, war tatsächlich nahezu unmöglich. Der einzige Ort, an dem uns eine Baugenehmigung in Aussicht gestellt wurde, war genau und nur DIESER. Ich sprach offen darüber mit ihm. Und im Gespräch bot ich ihm an, dass ich gerne als ewige Geste der Dankbarkeit, sollte er uns das Grundstück verkaufen, seinen gegenüberliegenden Obstgarten mit pflege und von den Zwetschgen mit meiner Mama gemeinsam Marmelade mache und wir Zwetschgendatschi backen, von dem ich ihm dann ein Stück vorbeibringe. Und er auch sonst anrufen dürfte, wenn er Hilfe benötigte. Er war nämlich nicht nur ein Eigenbrötler. Er war auch auf sich alleine gestellt. Und krank. Und ich meinte alles, was ich sagte, aus meinem tiefstem Herzen ernst. Ich würde ihm helfen. Weil er mir irgendwie leid tat und er die Treffen und Telefongespräche mit uns zu genießen schien. Und so meinte er, er würde auch mir aus tiefstem Herzen gerne helfen. Er liebte Pferde und würde nichts lieber dort hinten auf seiner Wiese stehen sehen als einen kleinen, von Hand aufgebauten Pferdestall. Und nicht ein weiteres Haus, einen Pool oder ein Klettergerüst der um ihn herum lebenden „Hyänen“, wie er sie liebevoll betitelte. Wir schlugen ein und drückten uns sogar kurz und dann gingen wir zum Notar. Und wir hielten beide unser Wort. Als ich später alleine sitzengelassen zurückblieb, rief ich ihn an. Und er half mir aus diesem tiefem Loch, in dem ich mich da zwischenzeitlich befand und das drohte, mich zu verschütten.

Ich war zuvor mit meiner Schwester ein paar Tage weggefahren, nach Österreich. Sie hatte mich eingeladen. Zuvor hatten wir während des Lock Downs eine kleine „Hundemarke“ erschaffen und sie nähte bezaubernde Hundekissen und -betten. Ich hatte mich um die Homepage, Werbebilder & Co. gekümmert, und so wurde ein kleines Business unter Schwestern daraus, von dessen ersten Gewinnen wir uns zwar keinen Urlaub leisten konnten, aber zumindest ein Abendessen in dem Kurzurlaub in Österreich, auf den sie mich einzuladen bestand.

Fernab von Gedanken postete ich ein Bild davon auf Instagram. Als ich auf einem der schönen Lipizzaner des Hotels saß und in die Kamera lächelte, nachdem ich zuvor zwei Stunden aus dem Wellnessbereich verschwunden war, um mit meinem Anwalt zu telefonieren und dabei Rotz und Wasser zu heulen. Und wieder zuvor mit der Bank. Ich sollte ausziehen, so schnell wie möglich, das Haus alleine zu halten, würde wenig Sinn machen, außerdem war ich fianziell nicht unbedingt in der Lage dazu, das zu schultern (meine Eltern boten mir Hilfe an, aber tief im Herzen wollte ich das auch alles nicht), und so schauten wir aber, dass ich zumindest den Stall behalten könnte, auch wenn das Haus der Scheidung zum Opfer fallen würde.

Immer schön lächeln. Das war nämlich, obwohl ich auf Instagram immer sehr offen und ehrlich war und bin, kein Thema für die Öffentlichkeit. Ich hatte selbst keine Ahnung, was hier gerade alles passierte und wie ich es lösen würde. Das letzte, was ich gerade gebrauchen konnte, war noch mehr Publikum. Obwohl zu sehen, wie man einen Lebenstraum wieder abbaut, nachdem er gerade fertig gestellt war, wahrscheinlich mehr Klicks, Likes, rote Herzen und Interesse gebracht hätte als der mühselige, so lange gewünschte Aufbau, der einen viel Schweiß und Nerven kostete. Ihr wisst ja … Mitleid bekommt man geschenkt, während man sich den Neid hart erarbeiten muss.

Was sollte ich nur tun? Mein ganzes Leben lag in einem Trümmerhaufen – und das war gerade mal der Anfang.

„Komm, Schwesterherz, setz dich zu mir. Ich habe uns zwei Prosecco bestellt!"

Und das tat ich. Und mit ihr an meiner Seite fühlte es sich dann an diesem Abend ein kleines bisschen leichter an.

Zurück zuhause holte mich die Realität ganz bitterböse ein. Ich parkte das Auto, sperrte die Haustür auf, legte meinen Schlüssel aufs Schlüsselbrett, zog die Schuhe aus und drehte mich nach rechts, um sie ins Schuhregal zu stellen … Genau so, wie auch all die Jahre zuvor. Immer wenn ich heim kam. Und dann traf es mich wie ein Schlag ins Gesicht. Noch einer. Fassungslos stand ich in der Tür und merkte, wie es mir brütend heiß wurde, während es mir kalt den Rücken hinunterlief.

Es war leer. Seine Schuhe waren weg. Ich ging die Treppe nach oben in die Ankleide. Er hatte nicht alles mitgenommen. Aber all das, was er brauchte. Zwei Anzüge und die teuren Uhren. Und anstatt dass ich weiter die Schranktüren öffnete, kam mir nur ein einziger Weg in den Sinn. Der direkt ins Büro. Die Verwaltung der Akten, Bürokratie wie zum Beispiel die Kommunikation mit der Bank, alles fernab der Baugenehmigungen, die meine Aufgabe waren, darum hatte er sich gekümmert. All diese Unterlagen, die man braucht, um ein Haus zu kaufen, zu verkaufen, all diese Belege für die Ämter und die Anwälte – sie waren weg.

Sie waren ihm wichtiger als seine Unterhosen, die er in der Eile wohl im Schubfach neben den Schlafanzügen vergessen hatte.

Dieser Akt der Verlogenheit spiegelte seinen Charakter wider wie kein anderer. Wie konnte ich mal wieder so dumm sein und vorher nicht daran denken? Das ist im Übrigen auch die Erklärung dafür, warum ich, als er zuvor unangekündigt niemals zurück nach Hause kam, nicht auf die Idee kam, vielleicht bei der Polizei nachzuhaken, ob etwas passiert war. Ich wusste vom ersten Moment an, dass wir keinen Arzt oder Ersthelfer brauchen würden. Sondern nur eines: einen verdammt guten Anwalt. Den sollte ich am Ende auch für mich finden dürfen.

Aber das … ist eine andere Geschichte.

Erstmal saß ich da, in den Scherben meiner Existenz. Mit nichts, außer zwei Pferden und zwei Ponys hinterm Haus und drei Hunden an meiner Seite, die es in Zukunft zu versorgen galt. Ich hatte keine Zeit zu weinen oder mich weiter zu bemitleiden. Egal wie dreckig es mir ging, egal wie viel ich weinte und wie sehr ich am Boden lag. Ich war alleine und ich hatte eine große Verantwortung zu tragen. Also stand ich jeden Morgen pünktlich um 5.30 Uhr auf und ging die Pferde füttern. Genau wie jeden Abend. Hunde-Runde um Hunde-Runde. Bis es schließlich nicht mehr ging.

Ich spürte deren Blicke wie ein Messer in meinem Rücken. Jeden Tag, wenn ich durch meine mit Hortensien bepflanzte kleine Kiesallee in meinen Crocs hinter zu den auf mich wartenden Pferden ging. Die Sonne strahlte mir durch die Berge entgegen, aber ich konnte ihre Wärme nicht genießen und auch das Wiehern der Pferde war nicht das Gleiche wie zuvor. Es hüllte mich nicht mehr in zufriedene Glückseligkeit, weil ich es geschafft hatte und sie zuhause hinterm Haus mit mir lebten und auf mich warteten. Es verursachte Magenkrämpfe ganz tief in mir, die sich anfühlten, als würde jemand ein nasses Handtuch auswringen.

Ich hatte seit Wochen nahezu nichts zu mir genommen außer Weißwein, Red Bull und täglich einer Schachtel Marlboro Lights, die ich hinten in der Sattelkammer im Spalt zwischen Apples Dressursattel und dem Sattelhalter versteckt hatte. Ich war immer viel zu anständig, um einen von denen zu sein, die rauchen. Mein Leben glich ja nach außen hin einem Bilderbuch, wie bei Bibi und Tina und Amadeus und Sabrina … in das eine nach kaltem Rauch und Energy Drink stinkende Wendy nicht so richtig passen wollte.

Aber so ist das Leben eben. Vieles, aber sicherlich bei niemandem ein makelloses Bilderbuch. Und es war das, was ich in dieser Zeit brauchte wie die Luft zum Atmen, die mir dafür an anderer Stelle pausenlos und skrupellos genommen wurde. Also versteckte ich mich hinter meinen großen Sonnenblumen und rauchte, während ich weinte, wenn ich nicht gerade den Mist meiner Pferde schaufelte oder den Mist meines Lebens versuchte, entsorgt zu bekommen.

Die Nachbarin stand am Zaun und versteckte sich hinter ihrem Gewächshaus, als ich mich umdrehte. Nicht zum ersten Mal. Seit Wochen stach mir ihre missgünstige Neugierde hinterm Zaun täglich ein neues Messer in den Rücken. Seit Wochen ertrug ich diesen Schmerz neben all den anderen Schlieren auf meiner Seele und lächelte ihr ein freundliches „Guten Morgen" oder „Schönen Abend" entgegen, wenn sie zu langsam war, um sich rechtzeitig wegzudrehen. Aber heute … war es genug. Auf dem Rückweg von den Pferden ging ich nicht durch die Hintertüre zurück ins Haus, sondern schnurstracks daran vorbei. Es war beschlossene Sache, wir würden das klären. Ich hatte genug. Kurz verließ mich mein Mut, als ich wie ein streunender Hund vor ihrer Gartentür stand und nirgendwo eine Klingel oder Eingang fand – aber ich war zu weit vorgegangen, um jetzt noch zurückzurudern.

Ich klopfte an die Tür. Und sie tat, als ob sie mich nicht hätte kommen sehen.

„Er ist abgehauen. Untergetaucht. Wir lassen uns scheiden und JA, wir werden das Wohnhaus verkaufen. Falls Ihr Sohn sich umentscheiden will – er hat ja leider nichts hier im direkten Umkreis gefunden, als er so lange danach suchte, und vor kurzem dann woanders gekauft … Sie wissen, wo Sie mich finden."

„Oh, das tut mir leid. Ich hatte mich schon gewundert, ich habe ihn lange nicht gesehen. Nur als Sie nicht da waren. Da kam er in Begleitung eines Mannes …"

„Tut es Ihnen nicht. Und danke für die Info. Dann hätten wir das ja geklärt."

Ich war stolz auf mich. Und habe mich trotzdem nie so elend gefühlt wie in diesem Moment. Der Dorf-Funk ging rasch. Aber zumindest konnten sie nun aufhören zu rätseln und hatten Fakten, die aus keinem anderen als aus meinem eigenen Mund kamen.

Am nächsten Morgen stand ich am Zaun und schaute den Pferden zu, wie sie malerisch in ihre Bergkulisse eingebettet waren. Der Morgen hatte uns Zauberlicht geschenkt und so erschien der Himmel im Sonnenaufgang in seinen schönsten Tönen von Rosa und Lila. Der Stall war sauber und ordentlich. Wäre es nur nicht so unendlich schön gewesen, dann wäre es nicht so traurig gewesen. Ich nahm einen Zug meiner Zigarette und aus dem Handy erklangen die Zeilen dieses Liedes, das mich in dieser Zeit so sehr geprägt und ja, getragen, hatte:

„Everybody's been there
Everybody's been stared down by the enemy
Fallen for the fear and done some disappearing
Bow down to the mighty
Don't run (don't run), just stop holding your tongue
Maybe there's a way out of the cage where you live
Maybe one of these days you can let the light in
Show me (show me), how big your brave is
Say what you wanna say
And let the words fall out
Honestly, I wanna see you be brave
With what you wanna say
And let the words fall out
Honestly, I wanna see you be brave"
(„Brave" von Sara Bareilles)

Sie haben sich wie ein Mantra in mein Herz gebrannt.

Also nahm ich tapfer den Schlüssel vom Quad und wollte noch eben den Pferdemist zum Bauern zum Entsorgen bringen …, als jemand hinter mir stand.

„Hast du eine Zigarette für mich?"

Ich rauchte vor meinem Mann und den Kindern nicht. Aber bei Gott – ich brauchte so dringend eine!

„Weißt du, es ist nicht nur bei dir gerade schwierig. Hier. Ich hab' dir eine Banane mitgebracht, du solltest langsam anfangen zu essen."

Und wenn es nicht das Ende der Ranch gewesen wäre, wäre es vielleicht der Beginn einer wunderbaren Freundschaft gewesen mit der jungen Frau von der anderen Seite gegenüber, die mir im Grunde viel zu ähnlich war, als dass es Sinn gemacht hätte, dass wir uns offiziell nicht mochten. Es war schade, dass wir uns so lange als Konkurrentinnen gegenübergestanden waren in den drei Jahren Tür an Tür.

„Danke für die Banane. Ich verspreche, dass ich sie essen werde. Hier. Sind nur noch drei drinnen, aber nimm' die Schachtel mit. Ich weiß, dass du dich abends manchmal im Finstern rausschleichst auf die Terrasse und dich kniend hinter der Hecke versteckst, um eine zu rauchen."

„Apropos, Manu. Ich denke, ich sollte dir etwas erzählen. Ein paar Tage, bevor dein Mann verschwunden ist, habe ich hier hinten beim heimlich Rauchen ein komisches Telefonat von ihm mit angehört. Er sah mich nicht, aber ich saß direkt hinter der Hecke … und es war so still … er dachte, er könne frei sprechen und sah dabei immer hinter zu eurem Haus, ob du auch sicher drinnen wärest. Ich weiß nicht, mit wem er gesprochen hatte, aber es schien, als hätte er alles geplant."

KAPITEL 9

VOM AUFSTEHEN

„Warum packst du, als würdest du in den Urlaub fahren?"

Meine Schwester stand schon eine Weile in der Tür zu meiner Ankleide und beobachtete mich dabei, wie ich aus dem Fenster hinter zu den Pferden starrte, während ich die ein oder andere Jeans, ein paar Hoodies und meine Reitsachen in die Umzugskartons vor mir schlichtete. Ich fing mit den kleinen, einfachen Dingen an … Weil große Entscheidungen sich bekanntlich besser treffen lassen, wenn die Hände beschädigt sind.

Ich würde erstmal zu meinen Eltern ziehen, in die ehemalige Wohnung meiner Schwester in ihrem Haus. Sie war kürzlich nach München gezogen, um dort ihre Träume zu jagen … Und sie überließ mir ihre voll möblierte und liebevoll eingerichtete Wohnung. So konnte ich erstmal etwas durchatmen und hatte einen neutraleren Ort, an dem mein Kopf nachts vielleicht aufhören würde sich zu drehen, sodass ich mir Gedanken machen konnte, was mit der Ranch passieren sollte und den Pferden.

Das Haus meiner Eltern liegt nur 10 Minuten Fahrt entfernt. Ich konnte nach wie vor also erstmal die Pferde hier in ihrem gewohnten Umfeld lassen und sie trotzdem vollumfänglich versorgen. Und müsste danach aber nicht alleine die kahlen, kalten Wände im Haus anstarren. Das hatte nämlich angefangen, mich wahnsinnig zu machen. Und nachdem ich eines Abends eine Flasche Wein geleert hatte, konnte ich es nicht mehr ertragen. Ich flippte regelrecht aus, schmiss ein Glas an die makellose Wand, deren strahlenden Anblick ich nicht mehr ertragen konnte, und rief heulend und vor Verzweiflung bibbernd meine Schwester an:

„Ich zünde es an. Alles hier. Wenn ich es nicht haben kann, soll es keiner bekommen. Ich kann nicht meinen Lebenstraum verkaufen, auf den ich die vergangenen 33 Jahre meines Lebens hingearbeitet habe! Jetzt, wo er nach all der harten Arbeit gerade erst und endlich fertig ist!"

Auf der Terrasse hingen noch die Ponpons meiner Geburtstagsfeier. Ich hatte einen neuen Schubkarren bekommen. In Pink. Mit der Aufschrift „Proseccokutsche" – der gefüllt mit Crushed Ice eine Bar für Getränke bildete, an der sich die Gäste, die zum BBQ auf der Terrasse eingeladen waren, bedienen konnten. Es war ein wundervoller Abend, der sich am 10. August 2020 so bunt und leicht anfühlte. Wie konnte ich nun, nur wenige Wochen später, hier stehen und mein Leben in Kisten verpacken?

„Wenn ich wieder zurückkomme, muss ich sonst meine ganze Ankleide neu einräumen. Ich nehme erstmal nur das mit, was ich täglich brauche."

Sabine hatte, während ich oben meine persönlichen Dinge einpacken sollte, die Küche leer geräumt und kam eigentlich nur zu mir, weil sie wissen wollte, ob die Fischgrillzangen ein „Toss" oder „Take" waren – sie hatte sie dem Stapel zugeordnet, den in naher Zukunft bei meinen Eltern keiner mehr gebrauchen würde und sie auf den „Entsorgen"-Stapel gelegt, wollte sich aber doch lieber vergewissern.

„Komm, Manu, wir gehen mal kurz raus und misten nochmal die Pferde ab … eine Runde atmen … Und danach … packen wir oben gemeinsam weiter und sortieren all deine Klamotten in Kartons. Die Sommersachen können wir erstmal einlagern, der ist vorbei. Und bis zum nächsten wirst du nicht mehr hier sein. Du kommst nicht zurück. IHR kommt nicht zurück."

Und dann nahm sie mich in den Arm und ich fing an zu weinen.

„Was mache ich mit der Ranch und den Pferden, wenn das Haus verkauft ist?

Ich werde sie niemals aufgeben, sie ist noch so viel mehr Zuhause für mich als dieses Haus hier."

„Ich weiß. Das überlegen wir uns dann im nächsten Schritt." Jetzt machen wir erstmal hier weiter. Die „Sei Pipi nicht Annika"-Kerze aus der Küche, willst du die behalten?"

„Du meinst die mit meinem Lebensmotto aufgedruckt, die mir meine beste Freundin Lena zum Einzug geschenkt hat? Leg sie bitte ganz vorsichtig oben auf den Stapel der wirklich wichtigen Dinge."

„Ok, ich fahre dann mal eine weitere Fuhre weg. Bin gleich wieder da. Mach' keinen Unfug!"

Und während es im Haus immer noch stiller und kälter wurde … lag die Ranch vor mir und atmete, als hätte sie die Lungen eines Pferdes. Groß und voller Kraft. Ich musste raus hier und mein Weg führte mich durch die Garage hinter zu den Pferden. Meine Schlappen standen bereit, als wäre nichts passiert. Und so gingen meine Füße weiterhin den Weg mit mir, der im Herzen immer schwerer wurde. Ich lege die Hand an jeden warmen Hals, den von Apple, meinem Fels in der Brandung, und den von Caprice, meinem Schimmelmädchen. Den von Honey und den von Sissi, meinen zwei Ponybären. Meinen Säulen. Und während das Geräusch von Heu, das sie friedlich mümmeln, mich erdet, schaue ich in den Himmel zu Costi: „Ich vermisse dich, mein Mädchen. Hoffentlich geht es dir gut da oben!"

Die folgenden Wochen vergingen wie im Flug, und während die letzten Blätter von den Bäumen fielen, die Tage immer kürzer wurden und die Farben immer weniger, begannen Dinge, die man für selbstverstandlich gehalten hatte, ihre Bedingungen zu zeigen. Ich hatte für meine Ranch gekämpft wie eine Löwin, und während das neu gebaute Haus in bester Lage eingebettet in die Berge schnell verkauft war, hatte ich meine kleine Ranch tatsächlich behalten.

Am Ende ging alles sehr schnell, nicht mal die Möbel mussten wir am Ende auseinanderdividieren. Sie rissen uns unseren geplatzten Lebenstraum voll möbliert aus den Händen wie die Aasgeier – so stimmig schien unser Konzept zahlreiche Interessenten zu überzeugen, das ich mit jeder einzelnen Hausbesichtigung innerlich voller Emotionen und einem gebrochenen Herzen, aber nach außen kühl und sachlich an die Kaufinteressenten weitertrug. Meinen Stolz ließ ich dabei jedes Mal draußen vor der Tür auf mich warten wie einen nassen Regenschirm, den man am Eingang ins Warme leidig zur Seite stellt. Neben den Crocs für den Weg zu den Pferden, die das Letzte waren, das ich in eine Kiste packte.

Auch mit dem Verkauf des Hauses hatte er mich alleine gelassen. Aber das war ok für mich. Im Gegenzug einigten wir uns ohne Rosenkrieg darauf, dass ich die Ranch daneben behalten würde, die ich mit meinem Vater alleine von Hand aufgebaut hatte. Und so biss ich die Zähne zusammen, redete mir ein, dass es „nur" ein Haus daneben sei ... Und war einfach nur erleichtert, als ich das letzte Mal die Tür hinter mir endlich für immer schließen konnte, nachdem ich beim Notar meine Unterschrift unter unseren „Deal" gesetzt hatte.

An diesem Tag hatte ich ihn zum ersten und einzigen Mal in meinem Leben nochmal gesehen. Als ich um 9.50 Uhr in die Straße bog um zu parken, bog er genau gegenüber von der anderen Seite kommend in die Straße. Nachdem wir kurz schnurstracks aufeinander zufuhren wie damals Ritter auf einem Lanzen-Turnier, parkte er neben mir. Stieg grinsend aus dem Auto und wollte mich zur Begrüßung umarmen. Alles was ich vor Sprachlosigkeit hervorbrachte, war ein „Untersteh' dich!", das aber wider Erwarten so scharf aus meinem Mund geschossen kam, dass es mehr traf, als es jede Lanze je gekonnt hätte. Und damit war dieses Kapitel für immer beendet.

Ich konnte mich gut daran erinnern, dass ich an einem kalten Morgen im Herbst mit meiner Freundin vom Pferdehof nebenan zurück aus ihrer Reithalle auf die Ranch kam, weil ich mit ihr und ihrem Pferd Eddie, gemeinsam mit der Apfeline reiten war. Wie wir es so oft gemeinsam gemacht hatten ... Nur diesmal war es anders, ich hatte ihr alles erzählt und sie wollte mich nicht alleine zurückgehen lassen und mit mir gemeinsam noch einen Thermoskannen-Kaffee in meinem kleinen Heulager trinken. Mit Blickrichtung in die Berge, nicht das leere Haus daneben. Und plötzlich schrie sie auf.

„Manu, da brennt Licht in der Garage! Das ist er! Er ist da!"

Klar, irgendwann musste auch ER noch seinen restlichen, persönlichen Kram abholen und Dinge entsorgen, die an Bedeutung verloren hatten. Nur niemand wusste, wann dieser Zeitpunkt kommen würde.

„Mein Gott, Manu, geh vor, red' mit ihm! Wir verschieben den Kaffee!"

Aber keine 10 Pferde hätten mich zurück in dieses Haus gebracht. Geschweige denn in ein Gespräch mit diesem Menschen verwickeln können. Das Kapitel war zu diesem Zeitpunkt für mich schon für immer geschlossen und so blieben meine Beine angewurzelt hinten auf meiner Ranch stehen, wie ein alter Baum, der den Stürmen trotzt. Ein klitzekleines bisschen Stolz hatte nämlich vor meiner einstigen Haustür auf mich gewartet, als ich sie zum letzten Mal hinter mir zuzog. Doch auch dieser sollte am Ende auf Herz und Nieren geprüft und auf eine harte Probe gestellt werden.

Als der erste Schnee fiel, parkte ich mein Auto am Rande meines Koppelzauns am hinteren Ende. Das Haus vorne gehörte mir ja nicht mehr und damit auch nicht mehr mein Parkplatz in der Einfahrt und der komfortable, direkte Weg. Im Gegenteil, alles, was ich an verfügbarem Platz hatte, war der Straßenrand. Und auch dort kämpfte ich mit den hohen Schneemassen um meine Daseinsberechtigung. Hinten im Haus brannte Licht. Die einst so prächtig blühenden Hortensien waren braun vom Frost und eiskalt eingefroren und der Schotterweg hinter zu den Pferden, den sie säumten, war mit einem Holzzaun verbarrikadiert. Und während James, Emma, Lotti und ich dick eingepackt in unsere Wintermäntel im Dunkeln früh morgens über die Koppel hinten vom Feldweg aus zu Apple, Caprice, Honey und Sissi durch den hohen Neuschnee stapften, um ihnen ihr Frühstück zu servieren, den Stall zu machen und sie auf die Koppel zu bringen … kläffte uns aus „unserem" Garten gegenüber ein kleiner, weißer Hund entgegen, der in seinem neuen Zuhause wie ein Rottweiler sein Revier markierte. Sein Fell war struppig und seine Rute hoch wie ein Ausrufezeichen, während er uns kurz, hart und ohne jede Lücke anbellte.

James, Emma und Lotti hatte ich zuletzt nicht oft mitgenommen auf die Ranch und sie lieber „zuhause" bei meinen Eltern gelassen. Dort konnten sie mit Paul & Frieda, den Hunden meiner Eltern, spielen, während ich mich um die Pferde kümmerte. Warum ich sie ausgerechnet heute mitnahm, wusste ich eigentlich gar nicht. Ich glaube, es war der Wunsch, dass alles nochmal „wie früher" war. Und wir danach eine Hunderunde um die Felder drehten, zu deren Ende hin wir Hallo zu den Hunden auf dem Reiterhof nebenan sagten. Odin, Luna und Pancho, die immer mit ihren Besitzern dort bei den Pferden waren, das waren nämlich James, Emmas und Lottis Freunde.

Und das Bild sah immer so süß und witzig aus. Ein Schäferhund, eine große Dogge und daneben ein Pomeranian und drei Chihuahuas. Manchmal trugen die von ihnen ohne dickes Fell sogar dieselben Mäntelchen zu dieser Jahreszeit. Also die Chihuahuas und die Dogge, die nicht wie explodierte Fellbündel mit Schneebällen dran aussahen – sondern ohne Mäntel in der Kälte bibbernd hätten frieren müssen. Dieses Bild hatte ich mir gewünscht. Meine Hunde und ihre Freunde, meine Pferdemädels – und vielleicht sogar ein kleines Lächeln für mich. Bekommen habe ich drei rundherum verunsicherte Hunde, die dem Kläffer in „ihrem“ Zuhause wichen, weil er mit einem unendlichen Selbstverständnis das verteidigte, was ihm eigentlich nie gehören sollte. Jeder Laut traf genau dort, wo mein Herz wusste: Das war einmal unser Ort.

Dieser unerwartete Morgen öffnete mit diesem bitterkalten Bellen Erinnerungen, von denen ich dachte, ich hätte sie fest hinter einer Tür verschlossen. Wir wichen weiter zurück, bis er uns hinter der im Garten zwischen Haus und Ranch vom neuen Eigentümer aufgebauten Sichtschutzwand nicht mehr sehen konnte. Er hatte uns endgültig vertrieben. Und während wir wichen, hat die Zeit eine Tür hinter uns zugemacht. Nichts hat mir je so bitterböse und tief traurig in mein Herz gebohrt wie dieser Moment: Nicht wegen der Zähne, die er fletschte, oder der Lautstärke, mit der er meldete, sondern weil in jedem Klang ganz deutlich steckte, was verloren war. Ein Hund, der uns nicht kannte, behauptete einen Boden, der früher unserer war, den wir mit so viel Herzblut gestaltet und aus dem Nichts erschaffen und verloren hatten. Und die verkehrte Welt stimmte ihm irgendwie noch schweigend zu. Ich legte die Hand auf Apples Hals, während ich Heu fütterte und mit den Tränen in meinen Augen kämpfte. „Schon gut“, sagte ich, obwohl es das nicht war.

„Wir gehen gemeinsam fort von hier! Es ist Zeit.“

Der Zauber von Weihnachten lag in der Luft und brachte viele Veränderungen mit sich. Während ich täglich mehrmals zu den Pferden pendelte, aber immer ohne meine Hunde, um ihnen diesen traurigen Ort und die damit verbundene Verwirrung zu ersparen, der sich einmal unser Zuhause nannte, hatte ich viele Entscheidungen getroffen. Egal wie ich darum gekämpft hatte, zumindest meine kleine Ranch neben meinem einstigen Wohnhaus zu behalten …

Es hatte nicht die erhoffte Ruhe und Zufriedenheit gebracht, nach der sich die Splitter meines Herzens so sehr sehnten. Im Gegenteil. Es machte alles täglich nur noch schlimmer. Bis ich es schließlich nicht mehr ertragen konnte, diesen einst für mich so magischen Ort zu betreten. Es war für mich, als wäre er verwunschen worden.

Mia, meine ehemalige Nachbarin und die Seelenfreundin meines Pferdes Caprice, half mir damals immer mal aus und übernahm die eine oder andere Schicht bei den Pferden, sodass die Intervalle, die meine Seele mit jedem

Opa und seine Pferde hinterm Haus.

Opa zusammen mit den Ponys „Max“ und „Moritz“.

Opa und Oma stolz auf ihrer geliebten Kutsche.

Papa und sein Pony „Max“.

Team „Taschengeld aufbessern“ durch Ponykutsche fahren.

Opa ist mein Vorbild auf dem Festumzug.

Meine Schwester, Maxe und ich.

Jahre später ritt ich dann mit meiner Laska beim Umzug mit.

Mein Pony-Hengst Maxe – mein ganzer Stolz.

Sissi (links), als sie als verkommener Jährling zu uns kam.

Papa (und ich) retten Honey aus diesem düsteren Händlerstall.

Die Ponys im alten Stall meines Opas, den ich wiedereröffnet habe.

Pony-Wellness für Honey - sie genießt die Zuwendung, die sie bisher nicht kannte.

Costi und ihre Ponys, überall mit dabei – genau wie meine Hundekinder James und Emma.

In der Reitsportanlage, die mein zweites Zuhause war

Lotti brauchte ein Zuhause und wir haben ihr eines gegeben.

James und Emma - große Freundschaften beginnen oft ganz klein.

James und ich entscheiden uns für Emma.

James und sein Franz Josef Strauß.

Von 0 an – Ich baue meinen Traum.

Stein für Stein entsteht mein Traum.

Die Ranch im Aufbau.

Die Sonnenblumen auf meiner fertigen Ranch, die ich so sehr liebte.

In dieser Zeit begann auch meine Selbstständigkeit als Fotografin und Influencerin.

Geliebte Sonnenaufgänge auf der Ranch.

Meine drei Musketiere: Costi, Caprice und Apple.

Blick aus der Küche auf meine Ranch.

Ziemlich beste Freundinnen.

Apple zuhause auf der Ranch.

Unbeschwerter Ausritt mit Apple – kurz vor dem Unfall

Schimmelstute Caprice – meine Sportpferd-Hoffnung.

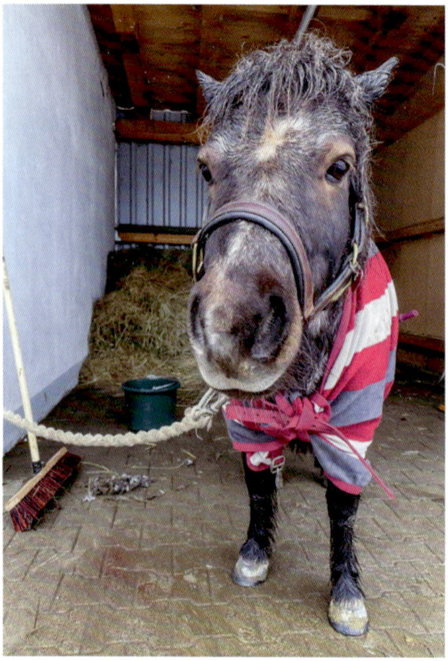

Wir müssen auf der Ranch um Sissis Leben kämpfen, kurz bevor wir für immer gehen.

Mein letzter Geburtstag auf der Ranch – nichts ahnend kurz vor dem Abschied.

Mein Herzenspferd Costi – how do I say goodbye?

Mein Auszug aus der Ranch nach der Trennung.

Alles, was Papa und ich vom Stall auf der Ranch mitgenommen haben.

Hier gehen wir für immer.

Alles ist fertig für die Abfahrt … ich bin dünn geworden.

Angekommen auf der Reitsportanlage in München, auf der ich mitgearbeitet habe.

Cowboy Lifestyle auf der Westernanlage.

Willkommen in der Familie, Rusty!

Becoming a Cowboy.

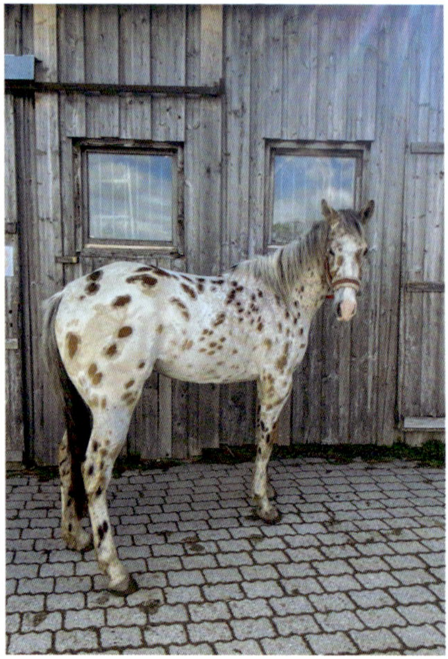

Charlie als verzottelter Rohdiamant.

So habe ich Charlie in der Verkaufspferdeherde entdeckt.

Alle vereint auf der Westernanlage.

Honey wurde auf der Westernanlage sehr krank.

Erster Blick in den Obstgarten des zukünftigen Herzl Hofs.

Weihnachtswunder: Wir finden den Herzl Hof!

Zustand des Hofs beim Kauf.

Die Sanierung beginnt mit der Pferdeküche.

Die Kernsanierung des Stallgebäudes.

Der Weg zum Traumbad wird lang.

Können die weg?

Mein Papa alias weltbester Bob der Baumeister.

Einfach unvergessen: der Leberkäse-Ofen in der Bulldog-Garage.

Working 9 to 5 – schön wär's.

Im Frühling vor der Hochzeit: Der Hof ist eine Großbaustelle – „langsam" wird's Zeit.

Das fertige Stallgebäude kann sich sehen lassen.

Kernsanierung?

Abgeschlossen.

Hallo Traumbad – we made it!

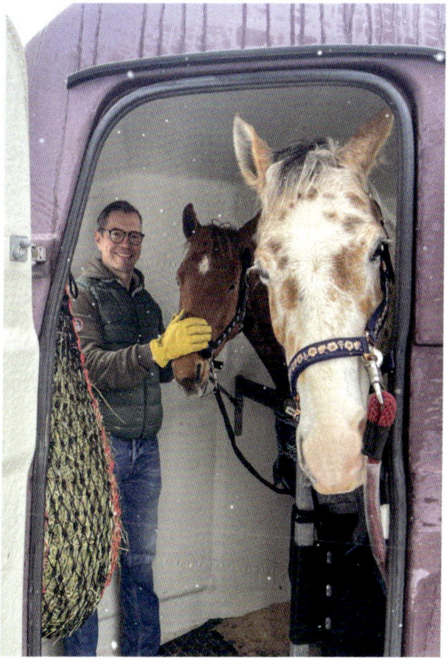

Endlich! Wir holen unsere Pferde auf den Herzl Hof.

Der erste Koppeltag zuhause – für immer unvergessen

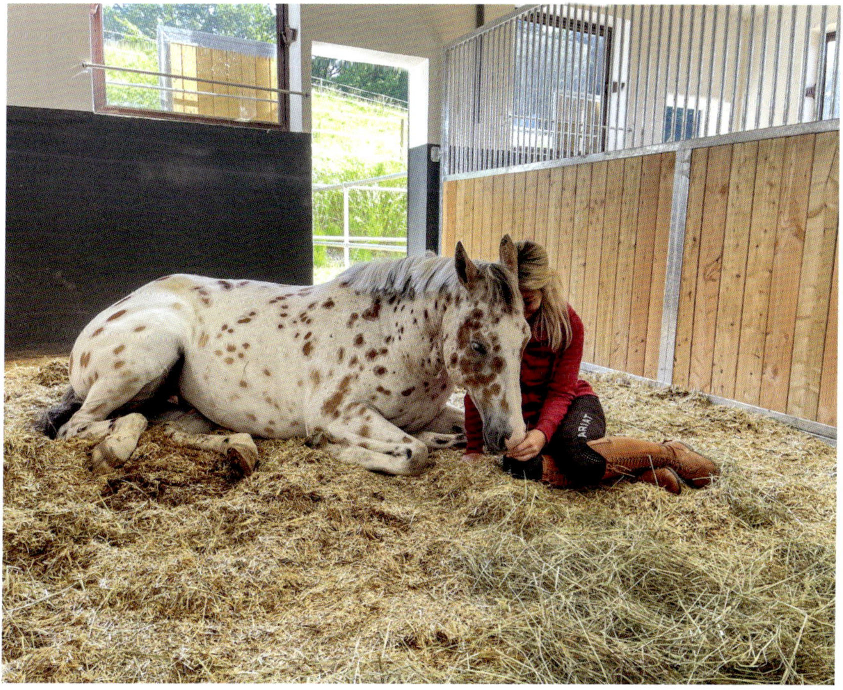

Einmal ankommen, durchatmen, glücklich sein.

Home sweet home

Die Mäusejäger vom Herzl Hof.

Stilecht - Herzbäume kommen in die Einfahrt des Herzl Hofs.

Ein weiterer Meilenstein: Der Reitplatz ist fast fertig - Cheers!.

Herzensmoment: Apple und ich drehen die allererste Runde auf dem fertigen Reitplatz.

Wir lernen die alte Berner-Sennenhündin Aika im Tierheim kennen.

... und nehmen sie mit nach Hause.

Aiki und ihr Emil.

Best friends come in all shapes and sizes.

Der Herzl Hof trägt immer mehr unsere Handschrift.

Sonnenaufgang in den Bergen.

This view never gets old!

„Willst Du mich heiraten?“

Hochzeitsvorbereitung am alten Stadl.

Aus dem alten Fenster von damals … *… wird ein magisches Hochzeitsfenster.*

Hochzeitsvorbereitungen: Wir hängen die Schaukel in den Walnussbaum.

Lichtermeer

Ein alter Stadl voller Herzensmenschen.

Die Hochzeitstorte kann kommen!

Getting ready mit meinen besten Freundinnen.

Dream wedding incoming

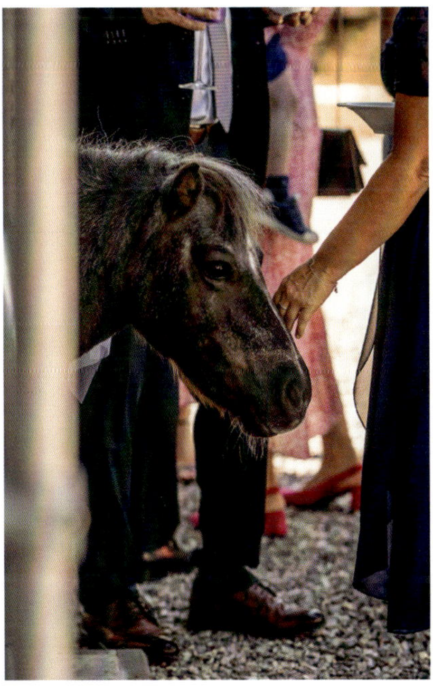

VERY special guest.

Catering in Perfektion.

Du. Ich. Für immer.

Besuch brandmarkten, immer weniger werden durften. Und am Silvestermorgen parkte ich mit Papa das Auto mit Anhänger entlang der Koppel hinten und lud meine Apfeline ein.

„Komm, mein Mädchen, wir gehen weg von hier. Und du machst mit mir den Anfang."

Sie folgte mir ohne zu zögern auf den Anhänger, und während ich erleichtert die Klappe des Anhängers schloss, um sie wegzubringen, wurde mir bewusst, wie kompliziert die Situation ganz nüchtern betrachtet für mich war und in welche Probleme sie mich bringen würde. Mein Reitpferd, meine Sportsfreundin, brachte ich problemlos in der Reitsportanlage von lieben Fotokunden unter, die von meiner Geschichte gehört hatten und mich mit offenen Armen aufnahmen wie eine zweite Familie. Etwas, das ich niemals vergessen werde. Da gab es außerhalb meiner Familie tatsächlich jemanden, der mir half, als ich alleine wirklich nicht mehr weiterwusste. Es kostete mich genau einen Anruf und ein paar Worte, die mir unendlich schwer über die Lippen kamen.

„Habt ihr eine Box für mich frei? Apple muss hier weg, ich kann das einfach nicht mehr ..."

„Eigentlich nicht. Aber bis du hier bist, haben wir das organisiert. Sogar eine mit Fenster. Schreib' einfach, wenn ihr losfahrt."

Eine Fensterbox war ehrlicherweise eigentlich nie eine Option für mich und mein Pferd. Auch zu meinen Zeiten als Einstellerin in einem Pensionsbetrieb sollte mein Pferd mindestens einen frei zugänglichen Paddock haben, wenn es schon in einer Sportanlage untergebracht war, in der bei Regen die Koppeln mit Sicherheit geschlossen blieben. Und damit einfach ein kleines Stück Lebensqualität, selbst zu entscheiden, ob es draußen oder drinnen stehen würde in den 22 Stunden am Tag, an denen ich nicht an der Seite meines Pferdes sein konnte.

Aber ... wenn man wirklich am Boden liegt, und anstatt im Sandkasten zu tanzen, nur noch damit beschäftigt ist, mit dem Gesicht im Sand den Dreck aufzufressen und nach Luft zu schnappen, ohne dabei zu ersticken ... also wenn man sozusagen in den Überlebensmodus schalten muss, ... dann ändern sich die Prioritäten. Und so war ich froh, zumindest schon mal eines meiner Pferde sicher und weg von „Zuhause" untergebracht zu wissen.

Mit meinen zwei Shetlandponys, die ich aus einer traurigen Perspektive gerettet und zuhause aufgenommen hatte, genau wie Caprice, meiner Schimmeline, sah die Situation ganz anders aus.

Als unreitbare Nicht-Sportpferde, Rentner, die ihr Gnadenbrot bekamen, waren sie in Anlagen, in denen Erfolge und Schleifen mehr zählten als Freunde auf vier Beinen, nicht willkommen, und unabhängig davon wusste ich nicht, wie ich mir die Boxenmiete für vier Pferde als Einsteller leisten sollte, während sie zuhause „nur" meine Arbeitszeit und Heu gekostet hatten.

Noch nie zuvor hatte ich mit derartigen Existenzängsten und Panikattacken gekämpft, wie ich es an Weihnachten und Silvester 2020 tat. Und während ein Großteil der Menschen um 24 Uhr ein Feuerwerk am Himmel betrachtete und unbeschwert feierte, ... setzte ich mit meinen letzten Kräften einen „Vertrag" auf, der mich alles kostete, was bis zu diesem Zeitpunkt von mir übrigblieb. Was nicht sehr viel war. Ich wog mittlerweile ganze 10 Kilo weniger und nicht nur mein Gesicht war gezeichnet von all den Sorgen.

Meine Ponybären Honeybunny und Sissifee durften auf der Ranch bleiben, bis ich mich neu sortiert und eine endgültige Lösung gefunden hätte. Ich wollte sie nicht 100x umsetzen müssen. Und Caprice, mein großes Schimmelmädchen, blieb ebenfalls auf der Ranch. Sie hatte so viel durch. Sie sollte nicht mehr umziehen müssen, sondern die Ranch für immer ihr Zuhause nennen dürfen.

Ich übergab die Ranch und Caprice mit einem Schutz- und Pachtvertrag an Mia. Den Menschen, den Caprice ebenfalls ihr Zuhause nennen dürfen sollte. Der einzige Mensch, bei dem sich Caprice wirklich jemals zuhause gefühlt hatte. Egal wie sehr ich dieses Pferd liebte und wie sehr ich nur das Beste für sie wollte. Und egal, wie sehr ich mir geschworen hatte, sie nie mehr aus der Hand zu geben. Mia liebte sie mehr als ich. Und Caprice ... ihre Mia. Und so überließ ich Caprice inklusive ihrem Zuhause Mia, meiner Freundin und ehemaligen Nachbarin, die ja noch immer in ihrem Haus neben meinem lebte und von da an nur noch einen Steinschlag entfernt zur Ranch und ihren Pferden hatte und sie, genau wie ich zuvor, aus dem Fenster zu jeder Tages- und Nachtzeit beobachten konnte und sich daran erfreuen. Apples freie Box gehörte ab sofort Tinka, Mias kleinem Schecken-Mädchen, das schon seit sehr langer Zeit ihr Pferd war. Jetzt hatte sie zwei Pferde und eine gepachtete Ranch noch dazu.

Papa und ich kamen nochmal mit dem Anhänger. Aber nicht, um ein Pferd aufzuladen. Sondern meine Sachen aus der Sattelkammer, die ich zuvor in zwei Stapel sortiert und eingepackt hatte.

„Behalten.“, und: „Weg damit!“

„Behalten“ beschränkte sich auf die wichtigsten Putzsachen, ein paar Schabracken, Verbandsmaterial, den silbernen Deko-Pferdekopf an der Wand, den ich so sehr liebte, und meinen Sattel. Letzterer war der wichtigere der beiden Stapel und ich füllte ihn ohne Reue. Es war ohnehin nicht mehr viel übrig, an dem die Reste meines Herzens hingen – und ein Traum bleibt klarer, wenn er keinen Ballast mitschleppen muss. Also entsorgte ich alles anstandslos.

Bis zum Frühling war ich nur zweimal da und Mia versorgte mich regelmäßig mit Updates von den Ponys und vielen Bildern und Videos auf mein Handy.

Einmal war ich da, weil wir ein Fotoshooting machten. Diesmal aber keines mit mir als Fotografin hinter der Kamera, sondern eines bei unserer Freundin und Tierfotografin Yvy.

Sie hatte selbst ein Pferd im Pferdehof nebenan stehen, der nur einen Steinwurf entfernt war. Und sie kannte uns beide wie ihre Westentasche. Es hätte keine bessere gegeben, die diese Bilder von so großer Bedeutung für uns hätte festhalten können.

Die letzten von „meinem“ Schimmelmädchen und mir. Und die ersten, von Mias Schimmelmädchen und ihr. Und welche von uns gemeinsam. Und welche zum Spaß, in denen Mia mich aus der Schubkarre aus der Ranch und damit sinnbildlich endgültig aus meinem Zuhause kippte.

Im Nachhinein weiß ich nicht, woher ich damals die Kraft für dieses Shooting genommen hatte. Es war von den Mädels einfach nur lieb und positiv gemeint, ohne jede böse Absicht dahinter. Aber wenn man so will, habe ich den Abschied meines geliebten Lebens auf Bildern festgehalten, für die ich mir eine lachende Clownsmaske in mein von Tränen getrübtes und von Falten der Sorgen geprägtes Gesicht gemalt hatte. Mein dünner Körper hatte die Wahrheit hinter meiner gespielten, lächelnden Fassade gesprochen und seine letzte Kraft noch einmal zusammengenommen.

Und dann war ich später nochmal alleine auf der Ranch. Ganz alleine. Als nur die Pferde da waren … Um zu weinen. Und meine Ponybären zu besuchen, die ich so unendlich vermisste. „Am 1. April hole ich euch ab und wir gehen gemeinsam weg von hier. Die Apple gabeln wir auch auf unterwegs. Wir gehen weg von hier. Weit weg. Weg aus dem Bayerischen Wald. Wir fangen nochmal ganz von vorne an. Gemeinsam. Ich habe jemanden kennengelernt, einen ganz besonderen Menschen. Er freut sich sehr, euch kennenzulernen!“

„Und Mäuse … das ist kein Aprilscherz. Sondern unser Geheimnis. Ich muss noch ein paar Dinge organisieren, bevor wir es machen und erzählen können.“

Auf dem Weg zurück zum Auto blickt mir Tinka hinterher, die aus Costis alter Box wiehert und mich zurückversetzt in die Zeit, in der mein treues braunes Mädchen dort hinten auf mich gewartet hatte.

Ich gehe ein letztes Mal die Zäune ab. Nicht, um Mängel zu finden. Die kannte ich längst. Sondern um noch einmal das Raster zu spüren, das mir jahrelang meinen Tag sortiert hatte. Ich berühre jeden Pfosten, als würde ich sie zählen. Ein letztes Mal setze ich mich auf die Stangen des Paddocks hin zur Sattelkammer und sehe Richtung Osten. Wie all die Morgen zuvor, bevor ich die Mistgabel in die Hand nahm und anfing zu arbeiten. Nichts davon packe ich in eine Kiste und nehme es mit ins Auto. Es kommt von selbst mit und wird für immer ein Teil meiner Seele bleiben. Als Erinnerung an meinen ersten Versuch. Ein Lebenstraum ist kein Ort, manifestiere ich, während ich den Motor starte.

KAPITEL 10

VOM ANKOMMEN

Es wäre zu einfach zu sagen, dass ich an diesem Tag, als ich die Tür zu Björns Haus in München öffnete, über der eine voller Liebe aufgehängte „Willkommen Zuhause"-Girlande baumelte, angekommen war. Um ehrlich zu sein, war ich das absolut nicht. Obwohl ich unendlich glücklich war, ihn gefunden zu haben, war ich fremd. Als waschechtes Landei fand ich mich plötzlich mit Hund und Pferden in der Großstadt wieder.

Ich war so aufgeregt und fühlte mich so unsicher, dass ich seine Girlande sogar übersah, während ich mich darauf konzentrierte, dass James beim Hineingehen nicht den Küchenblock markierte und Emma und Lotti draußen vor der Haustür nicht aus Versehen zu den Nachbarn abbogen oder gar vor Aufregung über die neue Umgebung ihr Geschäft an deren Trampolin der Kinder im Garten verrichteten. In der Hand hatte ich neben meiner Reisetasche mit den wichtigsten Dingen für die ersten Tage das große Hundebett von den dreien und ich wusste nicht, wo ich es wohl abstellen könnte, ohne dass es stören würde. Meine Gedanken überschlugen sich. Natürlich kannte ich sein Haus und war nicht zum ersten Mal dort. Aber zum ersten Mal war es nun „mein neues Zuhause" und damit waren auch die Hunde endgültig und ausnahmslos mit im Gepäck.

Björn selbst hatte keine Haustiere oder gar Pferde und seine komplette Erfahrung mit Tieren per se beschränkte sich auf einen Wellensittich namens

Jakob, den er als Kind gehabt hatte. Aber wohl auch nicht sehr lange, bevor dieser das Zeitliche segnete.

Björn hat ein Herz aus Gold und meine Hunde waren, genau wie ich, herzlich willkommen. Er freute sich, jetzt in Zukunft irgendwie „Herrchen“ zu sein – aber trotzdem war ich gehemmt und wollte, dass sie auf keinen Fall irgendetwas „falsch“ machten. Taten sie nicht. Tun Hunde nie. Sie brachten Leben in dieses bisher viel zu leise Haus. Aufgeregt schnüffelten sie die Räume ab und freuten sich, dass das Haus in der Stadt sogar einen kleinen Garten hatte, in dem sie in der Sonne liegen konnten, wann immer sie wollten.

Und als Björn dann auch noch in der Küche am Boden sitzend mit einem Stück Käse für jeden die Zeit fürs Abendbrot einläutete, war die Sache zwischen ihnen eigentlich geritzt. War's schon an Weihnachten, als Björn bei uns im Bayerischen Wald meine Familie kennenlernte. Allen voran die kleine Emma, die ihn als Erste herzlich aufnahm, indem sie nach längeren Streicheleinheiten auf seinen Bauch krabbelte, während er irgendwann inmitten von fünf Chihuahuas (Paul & Frieda, die Chihuahuas meiner Eltern gab's ja auch noch) im weißen Hemd flach auf dem Boden lag und streichelte und lachte, während sie ihm übers Gesicht schleckten.

Von dort an wollte sie nur noch auf seinem Bauch sitzen. Oder zumindest auf seinem Schoß. Sie wich ihm nicht mehr von der Seite, als wollte sie sagen: „Den behalten wir, Manu, der ist einer von den Guten!“

„Was meinst du, ist das Körbchen da hinten in der Ecke ok?“

„Warum stellst du es nicht weiter nach vorne, direkt ans Sofa zu uns?“

Er nahm mich in den Arm und gab mir einen Kuss auf die Stirn. Und dann nahm er meine Hand und wir gingen nochmal nach draußen. Um gemeinsam nochmal durch die Tür zu gehen, diesem schmalen Land zwischen „Früher“ und „Später“, die neue Hoffnung in sich trug.

„Willkommen zuhause!“, flüstert er und grinst nach oben.

Endlich sehe ich sie und weiß, welch große, herzliche Geste in ihr steckt.

„Danke!“, stammle ich vor Rührung.

Als wir unseren ersten gemeinsamen Abend im gemeinsamen neuen Leben mit einem Glas Wein auf dem Sofa ausklingen lassen, wird mir bewusst, wie ähnlich sich unsere Möbel und der Stil unserer Inneneinrichtung doch sind. Ein schlichtes, graues Sofa im Wohnzimmer auf dem ein weiches, weißes Fell liegt, um es gemütlicher zu machen, und als klaren Kontrast zum schweren aber geradlinigen Holzboden. Ein Bücherregal, nach Farben sortiert. Und ein Küchentresen, der durch moderne Bar-Lichter im Industrial Design in warmes Licht gehüllt wird. Gefühlt atmeten seine Möbel die gleiche Sprache wie zuvor meine in meinem Haus. Die Art, wie das Glas Wein auf den Untersetzer am Tisch gestellt wird … Es ist, als hätten die Dinge leise voneinander gelernt. Als wären es Erinnerungen. Kleine Fußspuren, die ich hinterlassen habe, die jetzt in einem anderen Muster auftauchen.

Automatisch greife ich in ein Regalbrett, um mir ein Glas Wasser zu holen. Nachdem ich ins Leere greife, lande ich bei den Kaffeetassen, nicht den Wassergläsern. Und die Verwunderung hält mir einen Spiegel vor: Das hier ist nicht mein altes Leben. Diese Momente machen es immer wieder schwer für mich. Ich habe mein altes Zuhause nicht aufgegeben, weil ich es nicht liebte, sondern weil ich es musste.

Plötzlich fühlt sich alles schwer an. Während meiner gesamten Zeit in seinem Haus kämpfe ich mit einer inneren Zerrissenheit, aber schaffe es, diese gewisse Distanz, diesen Zwiespalt, als Komposition zu verstehen. Er räumt mir das große Badezimmer frei, das an ein Zimmer mit leeren Schränken grenzt. In Zukunft „mein" Zimmer … Und ich bepflanze dafür den Garten mit Lavendel und stelle frische Kräuter in Töpfen auf den Tisch, damit unser gemeinsames Abendessen draußen auf der Terrasse in den Sommermonaten neben dem golfartigen Rasen in Zukunft ein bisschen mehr nach Zuhause schmeckt.

Und so schaffen wir eine Basis, die uns beide glücklich macht und uns vor allem eines ermöglicht: ein gemeinsames Leben, das den Grundstein für unsere Zukunft setzt, die wir in Zukunft gemeinsam gestalten wollen, anstatt jahrelang (oder für immer?) in einer Fernbeziehung zu leben, in der sich ein WIR auf vielleicht einen gemeinsamen Samstag pro Woche beschränkt, weil einer ein sehr großes Arbeitspensum in einer Großkanzlei zu erfüllen hat, während der andere mit den Tieren zu eingespannt gewesen wäre, um überhaupt irgendwann einmal ein „Wochenende" zu zelebrieren.

Björn und ich teilen eine ähnliche Geschichte. Und während ich bis auf meine Herzenstiere, also meine Familie, und meinen geliebten Dressursattel mein komplettes altes Leben verkauft und einen kleinen Rest der notwendigen Dinge in ein paar braune Schachteln gepackt habe … hat Björn sein Haus, sein Zuhause … behalten. Er bewohnte diese schöne, neu gebaute Immobilie alleine und hatte, obwohl er es sich im Herzen immer gewünscht hatte, bisher keine Zeit für ein Haustier, einen Hund an seiner Seite.

Einen großen, richtig großen Berner Sennenhund mit schwarzen Knopfaugen hatte er sich immer gewünscht. Einen richtig guten, besten Freund, an den man sich kuscheln kann. Einen, der so groß war, dass er die Pizza ganz einfach vom Küchentisch hätte mopsen können, wenn man nicht aufpasste. Aber er arbeitete zu viel. Und hatte niemanden, der in dieser Zeit auf ihn hätte aufpassen können. Und so war es am Ende nicht nur eine große Entscheidung unserer Herzen, sondern eine rein sachlich betrachtete Selbstverständlichkeit, dass wir sein großes, leeres Haus mit meinen wenigen braunen Kartons und drei kleinen Chihuahuas füllen. Wenn man so will, haben wir beide uns nicht gesucht. Und trotzdem gefunden, wonach wir uns ein ganzes Leben lang gesehnt hatten.

Björn ist die Liebe meines Lebens. Mein bester Freund. Mein Seelenverwandter und der beste Hunde-Papa auf Gottes Erden. Wir hätten ehrlicherweise niemals gedacht, dass ein Tinder Match aus einer Weinlaune mit Freunden und meiner Schwester heraus die Basis für ein glückliches, gemeinsames Leben darstellen könnte. Noch dazu, weil wir beide derartige Apps eigentlich gar nicht zu bedienen wussten. Aber was sein soll, findet einen Weg. Auch wenn dieser zwischen Stadt und Land am Ende eben doch durchs Internet und fragliche Dating Apps führt.

„Ich akzeptiere dein Hobby, aber denk nicht, dass ich jetzt ein Cowboy für dich werde!“ schäkerte mir Björn eines Samstagabends zu, als wir gemeinsam in der Küche standen und frisch gemachte Spaghetti zum Trocknen auf den Wäscheständer hingen, unter dem die Hunde hoffnungsvoll abwarteten, ob wohl alle hängen bleiben würden. Es war ein wunderschöner Abend. Ich konnte zwar nicht mit seiner Kitchen Aid umgehen, aber er trank dafür Wein aus Pferde-Gläsern mit mir, die ich in einem Ramschladen um die Ecke gekauft hatte und die ihren Platz im Regal neben der Küchenmaschine fanden. Auch wenn er behauptete, der Wein schmecke daraus deutlich schlechter als aus seinen feinen, dünn geschliffenen Riedl-Gläsern.

Wir waren so glücklich, dass wir uns haben. Und unser Zuhause trug immer mehr auch unsere gemeinsame Handschrift.

„Oh, du musst kein Cowboy für mich werden! Du musst nur wissen, dass die Pferde kein Hobby sind. Sondern mein Leben.“

„Das weiß ich. Und das ist gut so. Aber auch in Leggings (er meinte Reithosen, aber betitelte sie absichtlich etwas abfällig, dabei schmunzelnd) setze ich mich auf kein Pferd."

„Alles klar, Cowboy, weiß ich Bescheid!"

In dem Moment kochte unser Nudelwasser über und wir lachten herzlich los. Und als ich mich umdrehte, um die letzte Hand voll Spaghetti von der Wäscheleine in den Topf zu schmeißen, schmiss ich den Wäscheständer um und die Hunde „lachten herzlich los", während sie hastig die Reste aufsammelten. Wir alle liebten Spaghetti.

„Manchmal sollte man sich lieber Nudeln machen, statt Sorgen!", dachte ich mir.

Das mit den Pferden … wird auch noch gut werden.

Dabei dachte ich aber ehrlich nicht daran, dass ich Björn doch noch irgendwann auf dem Rücken eines Pferdes setzen sehen würde – völlig egal, in welchem Outfit. Er tat als „Pferde-Neuling" bzw. „Freund von einem Pferdemädchen" ohnehin sein Bestes und beschwerte sich nie darüber, dass wir von nun an unsere Wochenenden gemeinsam mit den Hunden von morgens bis abends in der Reitsportanlage bei den Pferden verbrachten und auch mein erster Weg am Montagmorgen genau wie am Dienstag, Mittwoch, Donnerstag und Freitag dorthin führte.

Ganz im Gegenteil. Er genoss die Zeit mit diesen großen, sanften Wesen draußen an der frischen Luft immer sehr. Sie waren ihm eine sehr willkommene Abwechslung zu seinen langen Abenden im Büro während der Woche, und er hatte das Gefühl, dass ihre Gutmütigkeit ihn erdete. Ein bisschen hatten sie ihn mit ihrem Zauber von Tag eins an in den Bann gezogen. Und so stand auch er ein paar Wochen zuvor mit Tränen in den Augen am Zaun, als wir die Ponys endlich auf der Ranch abgeholt hatten und sie nach München brachten, wo Apple bereits freudig auf die beiden wartete. Apple hatte den Anhänger um die Ecke biegen sehen, und ohne zu wissen (oder vielleicht doch und gerade deshalb), dass wir in Zukunft wieder vereint sein werden, hastete sie aufgeregt los. Ihre Ponybären-Bande, sie und ich. Ihre Ponys, die liebte sie und sie beschützte sie, seit sie sie kannte.

Caprice hingegen, die große Schimmeline, war immer Costis Gegenstück. Die beiden pflegten eine Pferde-Freundschaft, wie ich sie noch nie zuvor kennengelernt hatte. Meine beiden sanftmütigen „Riesen" (es waren beide sehr große Warmblüter mit einem Stockmaß über 1.75m) waren wie Pech und Schwefel, Sommer und Sonne, Cookies und Milch. Die Weiße gehörte zur Braunen und so, wie jedes Blondie einfach ein Brownie brauchte, waren sie einfach immer unzertrennlich, während die heißblütige, rote Apfeline ein kleiner „Feuerstuhl“ war. Mit ihren knapp 1.64m nicht nur optisch das komplette Gegenteil von den beiden. Sondern auch charakterlich. Apple passte sehr gut zu ihren kleinen, kecken Pony Mädels. Mit Apples Kauf habe ich mich damals im Jahr 2018 ganz bewusst gegen ein neues Sportpferd für mich entschieden. Ich wollte, nachdem ich lange vergeblich versucht hatte, Costi irgendwie zu „ersetzen“, am Ende das komplette Gegenteil. Weg vom Sport, nachdem ich bei der Suche nach einem neuen Sportsfreund für mich zahlreich gescheitert war, kranke Pferde, geprägte Pferde. Mir wurde vieles angeboten – und ich bin, wohl beim Pferdekauf für immer und ewig zu naiv und gutgläubig, auf einiges hereingefallen. Habe viele schlechte Erfahrungen gemacht, aber am Ende eines nicht mehr gefunden: einen neuen Sportsfreund an meiner Seite, der meine Seele berührte. Unabhängig von meinen Gefühlen hat auch mein Geldbeutel damals nicht mehr hergegeben. Ihr erinnert euch an die Farce um Caprice.

Apple war als verlässliches Kinder- und Anfängerpferd ausgeschrieben gewesen, und nachdem ich während all der Probereiterei auf meiner Suche teils sehr schlechte Erfahrungen im Sattel gemacht hatte und teils auch einfach die Angst mit im Sattel saß, habe ich beschlossen, einen lieben Freizeitpartner für mich zu kaufen. Ein verlässliches Pferd für „Zuhause hinterm Haus“, mit dem ich friedlich durchs Gelände tingeln konnte. Weit weg von großen Genen und Zuchtzielen. Einfach nur ein hübsches, gesundes, braves Pferdchen. Apple stand 600 km entfernt von mir und spontan hatte niemand aus meinem reiterlichen Umfeld Zeit, mit mir Probereiten zu fahren.

Also nahm ich meine Schwester mit. Sie hatte überhaupt keine Pferdeerfahrung – die hat sie bis heute nicht – aber es war ein schöner Ausflug unter Schwestern, und als ich von dem Ritt ins Gelände mit Apple gemeinsam mit dem Verkäufer und seinem Pferd zurückkam, hatte ich ein breites Grinsen im Gesicht.

Ich sagte ihr, dass ich nicht wüsste, ob ich mich für Apple entscheiden soll, weil sie eigentlich genau das ist, was ich im Herzen noch nie zuvor wollte: also, ein kleines Pferd ohne Bewegung und „TamTam“, und meine Schwester fragte mich, wann ich zuletzt von einem Pferd abgestiegen wäre mit einem Lächeln im Gesicht. Und damit haben wir uns gemeinsam entschieden, dass wir diesen kleinen Fuchs mit dem großen Herzen mit nach Hause nehmen.

Zuhause sollte sich herausstellen, dass Apple nicht die Lebensversicherung im Gelände war, für die sie angepriesen wurde. Geschweige denn ein Kinder- oder Anfängerpferd. Aber gut, zum Glück war und brauchte ich das ja auch eigentlich gar nicht. Wir mochten uns und fanden unseren Weg, allerdings immer weniger draußen in der Natur, in der ich mich nicht mehr wohl fühlte.

Und so ergab es sich, dass unser Weg uns immer mehr zurück in den Sport und der Reithallen und -plätze führte, auf denen ich mich einfach immer schon sicherer fühlte. Wir fanden einen für uns ganz guten Kompromiss. Wir trainierten in der Halle und ließen dort die große Energie raus, auf dem Weg nach Hause machten wir dafür einen großen Umweg um die Felder oder gingen gemeinsam mit den Mädels und ihren Pferden dort ins Gelände. Galoppierten auf Feldwegen, nicht den freien Wiesen oder Stoppelfeldern. Und so fanden wir einen Weg, mit dem wir beide leben konnten.

Meine kleine Apfeline ist ein sehr taffes Pferdchen, das ihr französisches Vollblut-Herz am rechten Fleck hat. Niemals hätte ich sie abgeben können, auch wenn meine Knie gerade in der ersten Zeit und dann in den Reitsport-Anlagen der Großstadt manchmal zitterten, wenn ich in den Steigbügel stieg. Apple braucht das freie Pesen über große Weiden wie die Luft zum Atmen. Eigentlich, wenn wir ehrlich sind, wie jedes Pferd auf dieser Welt.

Als sie das außerhalb meiner eigenen Möglichkeiten nicht mehr hatte und wir gezwungen waren, uns anzupassen, und Koppelzeiten sehr begrenzt zur Verfügung standen oder im Winter nur kleine Paddocks zum „Frische-Luft -Schnappen“, wurde sie unzufrieden und zeigte ihren Unmut über ihre mangelnde Bewegungsmöglichkeit in wilden Bockeinheiten unterm Sattel. Sie war kein Pferd, das sich unterordnete. Sie war selbstbewusst, hatte Charakter, stand für etwas und fiel für nichts. Sie war ehrgeizig und wollte es mit den großen Dressurschiffen und ihren großen, schwingenden Bewegungen gerne kurz und knackig aufnehmen. Ein bisschen kann man behaupten, dass wir beide uns sehr ähnlich sind. Und das ist die Basis unserer wunderbaren Freundschaft. Wir kämpfen für unsere Ziele.

Und wenn der eine mal kurz eine Pause zum Atmen braucht, ruht er sich auf den Schultern des anderen aus, bis die eigenen wieder stark genug sind, um aufrecht weiterzugehen. Herzensverbindungen zu einem Lebewesen, in guten und vor allem aber schlechten Tagen, sind leider im Pferde-Business selten geworden.

Und so ernteten wir beide fernab von Zuhause, unserem Safe Place, eigentlich immer nur negative Kommentare, weil in diesem kleinen Fuchs mit dem großen Herzen eigentlich niemand so recht sehen wollte, was ich in ihr sah. Und zwar diese tiefe, ehrliche Freundschaft, die wir pflegen, die über Bewegung und Schwung und fliegenden Wechseln im Viereck steht und die mir so viel mehr wert ist, wie jede Schleife, die wir uns wahrscheinlich auf keinem Turnierplatz dieser Welt hätten gemeinsam erreiten können, egal wie hart wir gemeinsam trainierten und wie schön wir als Team funktionierten. Für die Dressur reicht es nicht. Und trotzdem hat sie einen Platz bei mir auf Lebenszeit gefunden, genau wie die Shetties Honey und Sissi, die als „unbrauchbarer Kostenfaktor" für manchen Menschen nie mehr wert waren und sein würden als der reine „Fleischpreis".

Wie auch zuvor Apple brachte mein Papa gemeinsam mit mir die Ponys vom Bayerischen Wald nach München, und als wir auf dem Hof ankamen, wartete Björn dort schon freudig auf uns und stand an Apples Paddock. Und als die vier Augen mir beziehungsweise uns entgegenstrahlten … Das war damals ein ganz großer Moment für mich, wenn man so will, ein neuer Meilenstein entlang unseres Weges.

An einem neuen Ort in einem neuen Frühling ging für uns ein neues Kapitel los. Und wir vertrauten dem Zauber dieses Neuanfangs. Weil uns auch gar nichts anderes übrig blieb. Doch aus der anfänglichen Aufbruchstimmung, die ich auch irgendwie als Chance gesehen hatte (diese große, eigentlich toll aufgebaute Anlage, in der wir unterkamen und auch die Ponys erlaubt waren, bot uns unendlich viele reiterliche Möglichkeiten – ich dachte, diese Kombination gefunden zu haben, wäre mein persönlicher Sechser im Lotto), wurde schnell Ernüchterung.

Und was die Pferde betraf, sollte sich unser Kapitel Großstadt in eine sehr schwierige Richtung entwickeln. Dass meine Stallschlappen nicht mehr an meiner Hintertür auf mich warteten, damit ich morgens im Schlafanzug mit einem Kaffee in der Hand schnell rüber zu meinen Pferden hinterm Haus flitzen konnte, brach mir täglich das Herz. Und täglich mehrmals in eine Anlage zu fahren über eine vierspurige Autobahn, weil ich meine geliebten

Pferde nicht gut aufgehoben wusste, das entwickelte sich mit jedem Tag mehr zu meiner persönlichen Hölle.

Ich war es gewohnt, mit meiner eigenen kleinen Ranch die volle Verantwortung für meine Pferde zu tragen und ihnen damit verbunden aber auch ein schönes Leben ermöglichen zu können. Ich konnte es nur schwer ertragen, diskutieren zu müssen, warum mein Pferd bei Regenwetter nicht 24 Stunden in einer Box eingesperrt bleiben soll, und dass mir in diesem Zusammenhang auch zwei Stunden „Paddock" in einer Größe von 4x4 Metern zu wenig waren. Noch weniger konnte ich es akzeptieren, dass mein Pferd ihre für sie vorgesehene Heuportion für den kompletten Tag in nur drei Stunden aufgefressen hatte und es damit erst am nächsten Tag wieder welches geben sollte. Und das obendrein in einer Qualität, in der ich es nicht in der Fütterung eines Pferdes sehen wollte. Nicht meines Pferdes. Keines Pferdes. Ich tat mich immer schon schwer, mich „unterzuordnen". Hört sich sehr ehrlich an. Aber gerade beim Wohl meiner Tiere gehe ich da keine Kompromisse ein.

Genau aus diesem Grund hatte ich eine Sonderstellung auf der Anlage. Und das war auch der Grund, warum ich mich überhaupt zu diesem „Abenteuer" hatte überzeugen lassen. Ich war nämlich nicht „nur" als neuer Einsteller nach München gekommen. Sondern, um mit meinem Know-How solche Probleme aufzudecken und sie zu lösen und die Qualität des Daseins der Pferde auf dem Hof zu verbessern und so neue Kunden und Einsteller zu gewinnen. Man war sich nämlich über die „Missstände" durchaus bewusst. Man war nur nicht in der Lage, sie eigenständig zu lösen.

Ich dachte, Einsicht wäre der erste Weg zur Besserung und mangels anderer Alternativen (eine freie Box zu finden war bereits fast unmöglich, zwei noch unmöglicher, und zwei – um darin zwei Ponys unterzubringen neben ihrer Freundin, dem Warmblut, das war schlichtweg unmachbar. Genau wie eine Paddockbox zu finden, ohne auf Wartelisten zu stehen, auf denen sich hundert Pferde vor dem eigenen tummelten, die vergeblich auf bessere Haltung hofften) war ich anfangs sehr positiv und motiviert.

Ich wusste, wozu ich fähig war und wie sehr ich den Pferden auf dieser Anlage einen schönen Platz ermöglichen wollte und ihren Eigentümern damit viel Sorgen und Ärger ersparen. Anfangs lief es auch gut, und ich machte es sogar möglich (mit der Hilfe von Björn, dem unermüdlichen Einsatz meines Vaters zum Wohle der Pferde und einiger freiwilliger Helfer), in nur kürzester

Zeit gemeinsam mit den Mitarbeitern des Hofes endlich die Koppelflächen einzuzäunen und so eine wirklich verhältnismäßig sehr große Weidefläche für die Pferde zu ermöglichen, die sie sich die Monate zuvor aufgrund der Faulheit der neuen Pächter der Anlage den ganzen Sommer über nur von ihren Fenstern in der Box ansehen durften.

Aber an anderer „Front“ kämpfte ich vergebens. Das war die des Inhabers der Anlage, der keinerlei Interesse oder Verantwortungsgefühl zeigte, nicht Mensch und nicht Tier gegenüber.

So kam es, dass stets Personal nicht oder schlecht bezahlt wurde und damit zu Recht nicht verlässlich verfügbar war. Es waren mit Glück nur Aushilfen da, die keinerlei Erfahrung hatten. Boxen wurden nicht gemistet, Pferde in der Führanlage vergessen. Ich arbeitete mich auf für die Pferde, für die ich mich dort verantwortlich sah, und mistete täglich bis zu 30 Boxen. War von früh bis spät vor Ort. Aber ich konnte das nicht alles auffangen und es war ein Kampf gegen Windmühlen. Denn ich hatte keine Befugnis, über Finanzen zu verfügen, und damit über die Personalstruktur. Und auch konnte ich nicht mitreden, wenn es darum ging, in welcher Qualität Futter eingekauft wurde. Eines ging aber nicht ohne das andere, und so wurde die Situation immer schwieriger, die Laune immer schlechter und die Verhältnisse immer angespannter. On top kam ja dazu, dass ich dort unbezahlt arbeitete und im Gegenzug nur meine Pferde dort kostenlos untergebracht waren. Ich neben den vollen Tagen auf der Anlage, auf die ich im Sinne des Wohles meiner und all der anderen Pferde dort aber ausnahmslos bestand, auch noch regulär arbeiten musste, um Geld zu verdienen.

Meine Stammkunden der Fotografie waren aber im Bayerischen Wald und der Grenze zu Österreich angesiedelt. In München musste ich um neue Kunden werben, mir einen neuen Namen aufbauen und „nebenbei“ ja auch noch Instagram bedienen.

Mein Aufschwung als Influencer mit eigener kleiner Ranch und einem sehenswerten Heilewelt-Leben wurde natürlich eingebremst, indem ich dieses, mein Leben, verlor, wegen dem alle Follower gekommen waren. Ich wusste nicht, was ich ihnen zeigen sollte. Natürlich deutete ich irgendwann an, was passiert war. Dass sich das Leben manchmal eben unverhofft dreht und man dann auch mal durch schwere Zeiten muss, weg von der Sonnenseite. Aber wirklich sehen wollte diese Tristesse, der ich ausgesetzt war, eigentlich niemand mehr. Und ich konnte das total verstehen. Ich selbst wusste nicht mehr genau, wer ich war und wie mein Leben aussehen sollte. Ich schwamm irgendwo in einem Meer der Fragen und versuchte einfach nur, nicht unterzugehen. Änderte, genau wie meine Laune, damals oft meinen Usernamen. Meinen Stil. Meine Aussagen.

Aber in diesem Account steckte einfach schon viel zu viel Herzblut und viel zu viel Liebe. Eine wirklich kleine, dafür aber großartige, Community war an meiner Seite geblieben und gab mir Hoffnung, wenn ich sie selbst verlor. Ich war nicht bereit, das auch noch aufzugeben. Also jonglierte ich mit den Bällen und akzeptierte, dass die in dieser Zeit damals halt einmal öfter aus der Hand fielen als zuvor.

Ich kann mich noch gut daran erinnern, dass ich einmal am Wochenende weg musste für einen großen Fotoauftrag. Trotz meines Wohnortwechsels lief mein kleines Gewerbe ja weiter, und das sollte auch so bleiben. Ich musste auch irgendwie Geld verdienen. Ich konnte mich nicht nur um eine Anlage und deren Pferde kümmern, die mich offiziell eigentlich gar nichts anging bzw. bei der mir am Ende sämtliche Entscheidungsgewalt fehlte. Und mit jedem Tag, der verging, sah ich das deutlicher. Es hatte wenig Zukunft.

Ich musste also weg. 400 km nach Österreich. Mehrere Shootings an diesem Tag und abends dann wieder zurück. Ich hatte Bauchschmerzen. Ich wollte Apple, Honey und Sissi nicht unbeaufsichtigt lassen.

Es war zum Glück ein Samstag. Also versprach Björn mir, am Nachmittag zu ihnen zu fahren und sich um alles zu kümmern, während ich weg war. Er wusste, dass er die drei reinführen musste, weil sie sonst vielleicht wieder draußen vergessen werden würden (kein Scherz!), und dass er selbst nochmal Heu nachlegen musste, damit sie durch die Nacht kamen. Und er wollte auch noch einmal nachmisten, damit sie einen sauberen Schlafplatz für die Nacht hatten. Außerdem hatte er ihnen Karotten gekauft. Ich konnte also beruhigt weg, dachte ich. Mittags bekam ich einen Anruf. Apple wäre verletzt, leider ordentlich. Und sie könne das Bein nicht belasten.

Man hatte sie aus Versehen zu einer weiteren ranghohen Stute in ein Abteil der Führanlage gestellt, und als sie sich verprügelten ohne Rücksicht auf Verluste, wollte natürlich niemand dazwischengehen. Also sah man zu und gab mir im Anschluss Bescheid. Es täte ihnen aber leid, es war die Aushilfe, die allein war, weil die zweite morgens unentschuldigt einfach ferngeblieben war. Und die wusste es nun mal leider nicht besser. Ich bin fast durchgedreht am anderen Ende des Telefons. 400 km entfernt mit 30 Personen neben mir, die auf ihre lächelnde und freundliche Fotografin für ihr gebuchtes XL Familien-Shooting warteten. Ich meldete mich für fünf Minuten ab. Um telefonieren zu können. Mit einer Pferdeklinik. Und Björn, der sofort losfuhr, um sich um alles zu kümmern, bis die Tierärztin ankam.

Dann zog ich das Shooting durch. Und nach 400 km Rückweg führte mich mein Weg nach 14 Stunden auf den Beinen natürlich über die Autobahn nicht nach Hause, sondern direkt zur Apfeline, die in ihrer Box auf mich wartete. Ich machte ihre Tür auf, machte mir ein Bild von ihrer Verfassung und setzte mich zu ihr. Sie starrte aus ihrem Fenster in den Innenhof. Sie vermisste ihr altes Leben. Ihre Freiheit. Den Blick in ihre Berge von der Koppel aus. Natürlich sagte sie mir das nicht mit Worten. Aber ich konnte sie lesen. Sie war müde. Traurig. Zerrissen. Und ihr Gesicht durchzogen von Adern, die sich vom Schmerz geprägt an der Oberfläche sichtbar machten. Ich fühlte mich wie ein Verräter. Weil ich sie mitgenommen hatte. Und sie mir vertraute. Und ich nicht wusste, was ich tun sollte. Ich kämpfte so sehr, aber in vielen Punkten waren mir einfach die Hände gebunden. Sie wieherte nach ihren Ponys, die in einem anderen Stalltrakt untergebracht waren. Und sie wieherten zurück. Ich wollte Boxen nebeneinander für die drei, aber das war nicht möglich. Egal, was ich versuchte.

Ich fing bitterlich an zu weinen.

„Es tut mir so leid, meine Mäuse.

Ich verspreche euch, ich regle das. Wir bleiben nicht hier! Wir gehen wieder.“ Nur wohin, flüsterte mein gebrochenes Herz, das weiß ich nicht.

Ich musste eine Lösung finden. Das hier war kein Happy End. Es fühlte sich an wie das Fegefeuer.

Eine Lösung zu finden, gestaltete sich allerdings schwierig, und der Druck wuchs umso mehr, als die Bedingungen täglich noch schlechter wurden. Also suchte ich unermüdlich nach einer neuen Bleibe für die Pferde. Telefonierte, besichtigte, suchte wieder.

Es schien in der Großstadt unmachbar, einen neuen Einstellplatz zu finden. Bzw. eben drei … Ich wollte sie nicht trennen, sondern ich wollte sie in einer Anlage unter einem Dach wissen. Und nun war es aber so, dass in den Sportanlagen die Ponys nicht gern gesehen waren und ich Apple nicht in die Ställe stellen wollte, in der die Ponys willkommen gewesen wären. Auch die Ponys wollte ich dort nicht hinstellen. Ganz bestimmt nicht.

Es ist wirklich unfassbar, aber bei einem Großteil der Anlagen, die überhaupt eine freie Box zur Verfügung gehabt hätten, hätte ich nicht mal für viel Geld extra eine Koppel zupachten können, weil die einfach voll waren. Oder erst gar nicht verfügbar. Weil es keine gab. Und überall eben einfach zu wenig Platz für die Anzahl der Pferde, die dort untergebracht werden hätten sollen. Weil die ja Geld brachten.

Traurig ist, dass ich bis heute auf der Warteliste von Ställen stehe, die zumindest in der Theorie eine Paddockbox angeboten hätten. Bis heute hat mich niemand zurückgerufen. Ich war wirklich verzweifelt, denn alles, was ich fand, waren zwei freie Boxen in der Größe von 2,5 x 2,5 Meter und ohne Fenster – tierschutzrechtlich eher ein unzulässiger Knast als eine Bleibe für Tiere. Ich habe mich abends oft in den Schlaf geweint. Was sollte ich nur machen?

Ich will hier noch ganz deutlich machen, dass es bestimmt auch in Großstädten ganz wundervolle Ställe und Anlagen gibt, in denen Pferd und Mensch ein harmonisches Miteinander bilden und man sich aufopfernd um die Tiere kümmert, die in seiner Verantwortung liegen. Weil man sie liebt und ihnen ein gutes Zuhause ermöglichen will.

Aber ich, jedenfalls als Neuankömmling ohne Ahnung und Connections, oder was man auch immer hierfür gebraucht hätte, habe sie nicht finden können. Und ich hätte es mir ehrlich mit allem, was ich habe, gewünscht, nicht diese Erfahrungen machen zu müssen, die ich aber nun mal in der traurigen Realität der Pferdewelt außerhalb meiner Bubble der eigenen Ranch zuhause auf dem Land habe machen müssen.

Morgens beim Kaffee mit Björn (den haben wir immer stehend in der Küche an der Küchenzeile getrunken – einer von uns im Anzug, der andere in Reithose -, bevor sich unsere Wege für den Tag dann trennten, ein schönes Ritual, an das ich mich gerne zurückerinnere) kam mir die Idee. Ich griff gleich zum Handy.

„Bernd, hast du zwei Paddockboxen für mich frei?", mein Herz schlug so laut, dass ich heute noch glaube, dass er das durchs Telefon hören konnte.

Zwei Shetland Ponys und ein französisches Möchtegern- Dressurpferd inmitten einer Vielzahl an Cowboys und Quarter Horses. Ob das DIE Idee war, ob er überhaupt Ja sagen würde?

„Ich dachte schon, du fragst nie! Soll ich dich abholen?“, mir fiel ein Stein vom Herzen. Nein, ich glaube, es war eher ein Felsbrocken.

„Das ist unendlich lieb von dir! Danke, ich glaube, Björn und ich schaffen das alleine. Die Ponys werden einsteigen und Apple auch. Sie wollen einfach nur weg von dort. Ich spüre das. Aber wir müssen zweimal fahren. Ich habe ein bisschen Angst um die, die ich in der ersten Tour zurücklassen muss.

Bis wann meinst du kannst du mir die zwei Paddockboxen fertig machen? Ich will dich nicht drängen, aber ich möchte einfach nur weg.“

„Morgen früh?“

„Perfekt – morgen ist Samstag. Apple steigt ganz sicher auch im Dunkeln ein, dann fangen wir gleich ganz früh morgens an, wenn noch niemand dort ist, und holen dann im Anschluss gleich noch die Ponys. Ich will mich von niemandem verabschieden, und auch wenn es nicht die feine englische Art ist, will ich nicht, dass irgendjemand weiß, dass wir gehen, bevor alle Pferde dort vom Hof sind.“

„Das kann ich verstehen. Du kannst dich auf mich verlassen. Bis morgen.“

Björn stand neben mir und nickte. Es war vorerst nicht nur die einzige Lösung, die wir hatten, sondern auch die beste.

„Ich werde dann die einzige Englisch-Reiterin in einer Westernanlage sein. Und die Ponys werden die einzigen Gnadenbrot Shetland Ponys in einer Anlage voller Sportpferde sein, das weißt du, nicht wahr, Schatz?“

Ich hatte Bauchschmerzen. Obwohl ich mich freute und wusste, dass das der einzige Ausweg war. Zumindest in und um München.

„Ja, das weiß ich. Aber zumindest gibt es dort Paddockboxen für jeden und unbegrenzt gutes Heu – und diese Basis ist mehr wert als alles andere.“

„Das stimmt und dann haben wir alle gemeinsam in einer Anlage stehen und es kann endlich ein bisschen Ruhe einkehren und wir müssen uns am Wochenende nicht immer aufteilen oder so hetzen, dass wir es zu beiden Anlagen schaffen.“

„Ja.“, er nahm mich in den Arm und gab mir einen Kuss auf die Stirn.

„Ich muss los, aber morgen früh geht’s los. Wir schaffen das gemeinsam. Es gibt immer einen Weg.“

Es war Sommer geworden in der großen Stadt und der Lavendel blühte auf der Terrasse in seinen prächtigsten Farben. Während der Woche saß ich abends oft draußen mit einem großen Glas Wein – bis zum Rand gefüllt von

Kummer, Sorgen, Angst und Zweifeln. Björn arbeitete viel und kam immer erst gegen 21:00 Uhr nach Hause. Das war viel Zeit für mich, nachdem ich von den Pferden nach Hause kam, bei denen ich täglich ab 6 Uhr morgens war. Zeit alleine, die ich draußen verbrachte. Zeit, in der ich versuchte, Probleme zu lösen. Zeit, in der ich versuchte, Vergangenes zu verarbeiten und mir Aktuelles schön zu reden. Zeit, in der ich in den Lavendel im Garten starrte und meinen Blick in die Berge vermisste. Zeit, in der ich dem Trouble der Nachbarskinder lauschte und mir meine Ruhe bei den Pferden zurücksehnte. Eine Zeit voller Heimweh. Ich vermisste meine Ranch. Ich vermisste es, mit meinen Pferden zu leben. Ich vermisste es, sie bei mir zu haben. Ich fühlte mich schuldig, sie weg vom Land hin in die Stadt gebracht zu haben und ich fühlte mich schuldig, weil sie mir ohne zu zögern in den Anhänger gefolgt waren, weil sie mir vertrauten und wir jetzt alle gemeinsam in einem Boot saßen, das sich einfach nicht richtig anfühlte und uns einfach nicht glücklich machte.

Ich sinnierte oft stundenlang über die Vergangenheit, über die Zukunft, über die Gegenwart – immer wieder das prächtige Lila des Lavendels vor mir, sah diesen Farbton zwischen feuerwarmem Rot und eiskaltem Blau. Und diese Farbe, die irgendwo zwischen warmer Ruhe, Ausgewogenheit und Geborgenheit und kühler Spannung, Angst und Ungewissheit lag, fasziniert mich. Sie spiegelte mein Leben wider, das so zweigeteilt war. An den Wochenenden, nämlich wenn Björn und ich unsere Tage gemeinsam verbrachten, saßen wir oft nach einem Tag bei den Pferden lachend und glücklich gemeinsam draußen, und der Lavendel im Garten symbolisierte: „Wie schön, dass es dich gibt!“ We came a long way, dachte ich mir oft, und der Rest, der wird schon noch werden.

Aber dann gab‘ es eben auch noch die anderen Tage, in denen ich mich alleine fühlte an einem völlig falschen, fremden Ort und mir die Pferde fehlten, die glücklich hinterm Haus grasten. Sie waren in ihren Gitterboxen genauso unglücklich und fehl am Platz wie ich.

Und in der Tat, in diesem ganzen halben Jahr war so viel passiert, was ich mir eigentlich nie hätte träumen lassen. So viel Schönes und Positives, dass ich mich nicht von dem Negativen in meinem Leben, das zu der Zeit definitiv auch einen großen Teil beigetragen hat, hinunterziehen lassen wollte.

We’ve come a long way. Denk dran, Manu. Denn Björn war, wenn man so will, ein „Cowboy“ geworden. Nicht für mich, sondern ganz für sich allein. samstag- und sonntagmorgens ging es nach dem ersten gemeinsamen Kaffee zu Hause immer gemeinsam los zu den Pferden, und während er anfangs mein „Mann für alles“ war, die Pferde führte, putzte, sich um sie kümmerte, Wassereimer schleppte und heimlich mit mir Heu auffüllte, weil ihre uns laut Einstellvertrag zustehende Tagesportion schon lange aufgebraucht war, entwickelte er so viel Gespür, so viel Liebe und Herzblut für diese Tiere, dass er sie irgendwann nicht mehr nur als mein Hobby ansah, sondern als unsere Familienmitglieder, die er liebte und um die er sich gerne kümmerte.

Doch irgendwann reichte ihm das nicht mehr und dieser Wunsch wurde immer größer, bis es irgendwann aus ihm herausprasselte: „Okay, ich geb's zu, ich will da drauf! Ich will reiten – bzw. ich will's zumindest mal probieren. Aber ich zieh keine Leggins an! Ich geh in Jeans drauf!“

Dem hatte ich natürlich nichts entgegenzustellen, und ehe ich's mich versah, saß er auf meiner Apfeline mit einem breiten Grinsen im Gesicht. Wir sind ein paar Runden an der Hand Schritt gegangen und zwei lange Seiten getrabt. Ich wollte es fürs erste Mal nicht übertreiben und ihm am Ende die Freude nehmen. Also machten wir auch gar nicht mehr. Seine klobigen Timberland Boots standen nämlich nicht unbedingt elegant in meinen roségoldenen Bügeln, und die Jeans schien an den Dressurpauschen zu scheuern. Noch dazu hatte ich ihm die Bügel viel zu kurz geschnallt, damit er bloß nicht runtersegelte.

„Holla die Waldfee, mir tut alles weh! Aber das macht nichts, ich muss das nur anständig lernen. Dann wird das besser.“

Ich glaube, diese Freiheit, die man im Herzen spürt, wenn man auf ihrem Rücken Platz nimmt, hatte er gefühlt und sie hatte ihn überzeugt:

„Ich will es lernen, aber ich will nicht Englisch reiten und vor allem nicht Dressur. Ich will Western reiten lernen.“

Ich weiß nicht, wer verdutzter aus der Wäsche schaute. Ich neben meinem Pferd stehend, meinen Freund ungläubig in ihrem Sattel begutachtend – oder Apple, meine Fuchsstute, von der er ordnungsgemäß abstieg und dabei ihre Zügel festhielt, und in dem gleichen Moment, wie selbstverständlich, als hätte er nie etwas anderes gemacht, ihren Sattelgurt lockerte, bevor er sie noch eine Runde Schritt führte und dann erst zurück in den Stall brachte. Aber es war egal. Es war schön und damit ließen wir das erst mal so stehen.

Wie sich herausstellte, meinte er das ernst, denn in den nächsten zwei Wochen verbrachten wir viel Zeit damit, eine Reitschule zu finden, die Western-Reitunterricht für Erwachsene anbot. Und im Idealfall noch professionell, denn wenn Björn etwas startete, dann auch richtig.

Ich weiß, dass sowas im Bayerischen Wald wahrscheinlich überhaupt nicht zu finden gewesen wäre – aber dass es sich selbst im Großraum München als schwierig gestalten sollte, damit hatte ich eigentlich nicht gerechnet. Wir hatten genau eine Reitschule gefunden, die anbot, was wir suchten, und die war ausgebucht, sodass wir auch nach fünf Anrufen und dabei 15 bettelnden „Würden Sie uns vielleicht anrufen, falls jemand abspringt?" keine Chance hatten auf eine freie Einheit. Das war frustrierend – aber aufgeben, das war nun wahrlich nicht unsere Mentalität, und so fand ich am Ende einen namhaften Western-Trainer mit eigenem Verkaufsstall in fahrbarer Nähe, der sich dazu bereiterklärte, Björn auf seinen Pferden am Wochenende Unterricht zu geben.

Sonntagmorgen fuhren wir nach Apple und den Ponys in seine Anlage und es war, als hätten wir die Welten gewechselt. Keine blankgeputzten Stiefel, kein leises Knarzen des Lackleders, keine weißen Vierecke, die wirkten, wie mit dem Lineal glatt gezogen, und dich erstmal draußen stehen lassen, wenn du nicht zur Begrüßung ein höflich fragendes „Tor frei?" in den Raum wirfst, damit keiner sich erschrickt. Stattdessen flackerte das Licht der großen Neonröhren in dieser unendlich großen Reithalle, die die Dressurtussi-Standard-Maße von 60x40 bei Weitem überragte, auf breite Hüte, grob klackernde Sporen und große Westernsättel. In den Ecken spielten Lautsprecher rockige Countrymusik – zu laut, um Hintergrundmusik zu sein, und zu wild, um überhört werden zu können. Die, die nicht in der Halle trainierten, standen auf ihren Pferden sitzend in der Ecke, rauchten eine Zigarette oder aßen ein Eis und unterhielten sich, lachten, pfiffen, um die anzufeuern, die mit ihren Pferden kurz vor ihnen stoppten. Björn grinste wie ein kleiner Junge zu Weihnachten. Für ihn war es faszinierendes, anziehendes Neuland. Für mich ein Kulturschock.

Wo im Dressurviereck jeder Schritt geplant und kontrolliert wirkt, schien hier alles dem Rhythmus zu folgen, der irgendwo zwischen Hufschlag und Gitarrensaite pulsierte. Die Cowboys waren entspannt und ihre Pferde waren es auch. Lässig. Routiniert – in jedem Bewegungsablauf lag eine Selbstverständlichkeit, die mich aber, auch wenn ich das primär gar nicht wollte, sofort in ihren Bann zog. Die Halle roch nach Leder, Staub und Abenteuer.

Ich stand da, in meiner blitzeblanken Reithose mit den Swarovski-Steinen an der Einfassung der Hosentasche, noch gefangen in meiner Welt aus Korrektheit und Disziplin, und spürte doch: Hier lag eine Magie in der Luft, die selbst mich leise ins Staunen brachte. Der Chef-Cowboy hatte uns an ein junges Mädchen verwiesen, das dort arbeitete. Und Maja, so hieß sie, machte Björn ein älteres Pferd fertig. Einen Schecken, der ihn geduldig durch die Halle trug, so, als wollte er ihm die ersten Schritte in dieser neuen Welt erleichtern. Björn wirkte glücklich, ja – aber noch nicht ganz angekommen. Irgendwie meinte er, passte das mit diesem Pferd nicht.

Beim nächsten Besuch bekam er einen Fuchs. Ein kleiner, unscheinbarer Wallach, kaum der Rede wert auf den ersten Blick. Der kleine Fuchs war kaum mehr als ein Rohdiamant – und das ist freundlich ausgedrückt. Er konnte nichts. Kein Gleichgewicht, keine Routine, keine Vorstellung davon, was er einmal werden sollte. Und noch dazu sah er aus wie eine klein gewachsene, magere Apple 3. Klasse. Aber Björn strahlte, als hätte er genau hier und jetzt seinen Platz gefunden. Auf dem Heimweg und zuhause, während wir gemeinsam Abendessen kochten, hörte Björn nicht auf, von ihm zu sprechen. Und ich konnte nicht aufhören zu grinsen und mir insgeheim zu denken: „Auch Cowboys sind nur Pferdemädchen in Jeanshosen!“ Den Sonntag darauf durfte er wieder den kleinen Fuchs reiten. Aber Bernd konnte uns nicht versichern, dass das auch in Zukunft so sein würde. Er war nämlich – wie soll es anders sein – ein Verkaufspferd.

Und so wurde aus einem einst zufälligen Ritt am Ende Schicksal. Ich erkannte diesen Blick in Björns Gesicht sofort – den leisen Ernst in seinen Augen, der verriet: Das hier ist mehr als nur eine weitere Trainingseinheit. Das ist ein Anfang. Ich schüttelte innerlich den Kopf. „So etwas kauft man nicht!“

Nicht, wenn man gerade erst mit dem Reiten beginnt. Nicht, wenn man keine Ahnung hat, wohin die Reise gehen soll. Für mich war klar: Das Pferd war für einen Reitanfänger ein absolut dunkelrotes Tuch.

Doch Björn sah ihn in anderen Farben. Er sah nicht das, was fehlte – sondern das, was möglich war. Schon nach den ersten Schritten war es für ihn, als hätte er einen alten Freund wiedergefunden, den er nur zufällig in dieser

Halle traf. Wenige Unterschriften später gehörte er uns – Colonels Rusty Gun. Sein Name klang nach Wildwest, nach Pulverdampf und staubigen Trails. Und doch war er für uns mehr als das: ein neuer Weg, eine klare Richtung, ein großes Versprechen. Unser „Rusty" blieb in der Anlage stehen und wir vereinbarten im Sinne einer fundierten Ausbildung Beritt während der Woche und am Wochenende kam Björn und lernte mit seinem Rusty gemeinsam.

Und lange war das eine Entscheidung, die wir nicht bereuten, sondern uns jedes Wochenende sehr darauf freuten, wieder in die Welt der Cowboys einzutauchen. Wie bereits erwähnt, bestand die Anlage nicht nur aus einem großen Profi- und Einstellbetrieb, sondern damit verbunden auch aus einem großen Verkaufsstall für Westernpferde.

Eines Samstags suchten wir Rusty, der eigentlich nie auf eine feste Koppel mit festen Strukturen rauskam, sondern als sehr verträglicher Wallach gerade immer mal da „dazu geschmissen" wurde, wo es eben gerade passte. Mal tags, mal nachts, wenn es sehr heiß wurde. Für mein geradliniges Dressurtussi-Pferdemädchen-Herz, das sich gerne an feste Strukturen hielt und gerne selbst über die Gegebenheiten ihres Pferdes entscheiden wollte, war das immer mal wieder eine Tatsache, die mir sauer aufstieß. Aber: Es hatte einen großen Pluspunkt. Zumindest war Rusty draußen, und wenn gerade nicht, dann in einer Paddockbox mit fast unbegrenzt Heu. Und wie ich lernen sollte, wog das deutlich mehr als ein fester Plan, der einfach gar nicht vorsah, dass Pferde auf eine Weide kamen. Zudem war es ja Björns Pferd. Und der war völlig fein mit dieser „Mach kein Problem, wo keines ist!"- Gelassenheit, die er selbst deutlich mehr lebte, als ich es tat. Wir suchten also mal wieder Rusty.

Und fanden ihn in der Verkaufspferdeherde, die spontan wohl um viele Pferde aus dem Ausland erweitert war, die wir noch nicht kannten. In der Ecke stand entfernt von den auftrainierten Quarter Horses ein verzottelter junger Appaloosa, der trotz seines ungepflegten Erscheinungsbildes für mich über all die einfarbigen „Standard-Pferde", all die Braunen, Füchse und Palominos, hinweg strahlte und einfach herausstach.

Er war weiß mit bunten Punkten am ganzen Körper. Schwarz, braun und beige gepunktet – einheitlich in Bereiche aufgeteilt von Kopf bis Fuß. Mit wenig Schopf und einer rosa roten Marzipannase, die mir entgegenwieherte. Er war wie gemalt, ehrlich. Der wahrscheinlich schönste Tigerschecke, den man auf dieser Welt finden konnte.

„Oh mein Gott, mein Herz! Schau mal Björn, der kleine Tigerschecke, so einen habe ich insgeheim mein Leben lang gesucht."

„Der verzottelte kleine Onkel dort drüben? Dein Ernst?! Du reitest Dressur, warum hast du dein Leben lang so einen gesucht?"

„Ich habe mir immer ein tolles Dressurpferd gewünscht. Und daneben ein entspanntes Freizeitpferd mit Punkten, mit dem ich durch den Wald tingeln kann. Zwei absolute Gegensätze. Aber leider habe ich das in dieser Kombination nie finden können. Also kein tolles Dressurpferd. Und noch weniger ein Punktepony. Und wenn, hätte ich es mir sowie nicht leisten können. Also war das immer sowas wie ein geheimer Wunsch, von dem nur ich wusste. Aber jetzt steht er da. Genauso, wie ich ihn mir in Gedanken immer gemalt habe. Jetzt. Ausgerechnet jetzt. Wo ich keine Möglichkeiten mehr habe." Mir kamen die Tränen in die Augen und ich konnte nichts dagegen tun. Und obwohl es ein wunderschöner, warmer, sonniger Morgen an einem Wochenende war, das ich mit der Liebe meines Lebens bei Pferden verbringen durfte, fing ich an bitterlich zu weinen. Plötzlich war alles wieder da. Und ich konnte nichts dagegen machen. Auch wenn ein Teil von mir sehr glücklich war. Ein anderer Teil war verloren gegangen und ich vermisste ihn. Ich war nicht mehr die, die ich früher war. Nicht nur äußerlich (im Gegensatz zu früher hatte ich nicht aufgrund einer Diät, sondern durch den Kummer 10 kg abgenommen, und wo früher Speck an Waden und Hüften war, war heute ein gertenschlanker Körper und daneben vom Nagelstudio modellierte Fingernägel, von denen ich persönlich als Mädchen vom Land, das gerne mit den Händen arbeitete, nie etwas hielt. Aber es war ein neu entdeckter Zeitvertreib für meine Zeit alleine in der Großstadt, die mir, obwohl ich natürlich weiter selbstständig war, weiter fotografierte, mir sogar einen neuen Kundenstamm aufbauen musste in meinem neuen Umfeld und ja in der Reitanlage mitarbeitete, ohne eigene Ranch und die damit verbundene Arbeit, einfach viel zu viel war). Vor allem seelisch. Ein halbes „Ich" fehlte. Ich sagte immer, meine geliebte Costi hätte den großen Teil meiner Pferdemädchenseele mit nach oben in den Himmel genommen.

James, Emma und Lotti kamen angelaufen, als Björn mich tröstete und in den Arm nahm. Und Lotti zwickte mich ins Hosenbein. Wie sie es immer tat, wenn sie mich „festhalten" wollte. Damit machte sie aus meinem Weinen ein Lachen und ich wischte mir die Tränen aus dem Gesicht, von denen ich nicht wollte, dass sie jemand sah. In dieser Zeit war ich zu einer Meisterin der glücklichen Fassade geworden.

Nicht alle, die meinen Fall im wahren Leben und den Weiten der Sozialen Medien beobachteten, freuten sich für mich und meine neue Liebe. Mein neues Leben. Sie freuten sich daran, mich fallen zu sehen. Das tat ich, ungebremst. Sie hatten ihre Show bekommen. Mein tiefes, trauriges Inneres und die ganze Geschichte behielt ich lieber für mich. Ich war stark. Aber nicht so stark, mich auch diesem Brocken noch auszusetzen, und so beschränkte ich mein Social Media-Dasein damals irgendwann einfach auf ein Minimum. Änderte auf der Suche nach meinem „neuen Ich" oft meinen Profilnamen. Alles wackelte und schwankte und machte einfach, egal wie, ohne meine Ranch, ohne mein echtes, gelebtes und geliebtes Leben, keinen Sinn mehr.

„Du hast dein ganzes Leben verkauft und damit zumindest Geld auf deinem Konto. Das sind doch Möglichkeiten. Was also hält dich davon ab?"

Ich sah' ihn verdutzt an. Bestärkende Worte aus dem Mund eines Mannes, wenn es darum ging, ein Pferd! zu kaufen, einfach „so" – sowas hatte ich noch nie erlebt (außer vielleicht bei meinem Papa) und damit folglich also auch nicht ansatzweise gerechnet.

„Aber ich kann ja nicht „einfach so" dieses Pferd kaufen, nur weil es Punkte hat."

„Nicht einfach so. Sondern weil es dich glücklich macht."

Wir holten erstmal Rusty aus der Herde, um ihn fürs Training mit Björn fertig zu machen, und dabei ging ich an der Marzipannase vorbei und streichelte sie. Und grinste. Unterdrückt und versteckt. Aber es berührte mein Herz so sehr, dass es nach außen wohl doch eher bis über beide Ohren war.

„Sag mal Bernd, kann ich den neuen Appaloosa in der Verkaufspferdeherde vielleicht mal probereiten? Was hat es mit dem auf sich?"

„Der kleine Onkel? Den kannst du nicht probereiten. Der ist roh. 5-jährig. Gerade gelegt. Aus der Tschechischen Republik. Wenn du meinen Rat willst, dann vergiss den. Ich würde mir nie ein geschecktes Pferd kaufen. Die sind immer schwieriger als die Einfarbigen. Wenn du Cowgirlin' willst – ich hab' so viele Top Quarter hier, mit denen du gleich los kannst zum Showen."

„Ich brauch kein Pferd. Vor allem brauch ich kein Showpferd. Ich bin Dressurtussi und habe nicht mal ein turnierfertiges Dressurpferd. Alles gut. Hat sich erledigt."

Ich weiß nicht mehr, wie es dazu kam, dass ich den Pass des Appaloosas in den Händen hielt. Aber er hatte am 20. April Geburtstag. Genau wie meine Costi.

Der Himmel wollte es also so. Und ehrlich, ich glaube bis heute daran, dass das eine Fügung des Schicksals war und es einfach so sein sollte.

Und so kaufte ich out of the blue und ohne jedes Probereiten, ohne jede Untersuchung und ohne jeden gut gemeinten Rat von Bandenprofis ein viel zu teures Jungpferd, das für jede fehlende Ausbildung eigentlich gar nicht mehr so jung und damit viel zu teuer war – anhand eines Geburtsdatums und Punkten und einer Nase, die mich an Marzipan und damit an den weihnachtlichen Duft von Zuhause in meiner Küche auf der Ranch beim Plätzchenbacken mit Blick auf die Pferde erinnerte. Und das war Rechtfertigung genug.

KAPITEL 11

AUS DEN STEINEN, DIE EINEM IN DEN WEG GELEGT WERDEN, …

Aus dem Fenster meiner Küche würde dieses Jahr an Weihnachten zwar jemand anderes schauen – aber meine Ranch stand da nach wie vor vor diesem Küchenfenster. Den Blick in die Berge, den gab es zum Ärgernis der neuen Eigentümer meines Hauses nämlich nicht ohne sie. Genauso wenig wie mich. Der Stall war nach wie vor mein Eigentum.

Als ich von der Ranch gegangen bin, war das zusammen mit den Gegebenheiten damals genug Abschied, den ein einziges Herz verkraften können sollte. Ich wollte den Stall nicht sofort verkaufen, sondern hatte ihn vorerst „verpachtet" bzw. einfach nur meiner Freundin überlassen.

Ein paar Monate später war ich teils froh darüber, dass er noch mir gehörte. Weil mein Herz sich manchmal danach sehnte, einfach zurück „nach Hause" zu gehen. Meine Pferde einzupacken und ihnen wieder ihr gewohntes und geliebtes Leben in Eigenregie ermöglichen zu können, sollten alle Stricke reißen. Mit den Hunden wäre ich immer wieder bei meinen Eltern untergekommen oder hätte was in fahrbarer Entfernung zum Stall gefunden. Auch wenn es niemals mehr das Gleiche gewesen wäre und Björn und ich damit verbunden eine Fernbeziehung hätten führen müssen. Es war ein

Strohhalm, der mir ein bisschen Halt gab, während der turbulenten Pferdezeit in München. Aber auch ein Strohhalm, der Probleme mit sich brachte, die schwerer wogen wie Blei. Seit ich weg war, war nichts mehr, wie es war auf der Ranch. Und das schien auf viele nicht sehr schön oder beruhigend zu wirken. Ganz im Gegenteil.

Die ganze Welt bzw. im Detail viel mehr der komplette Dorf-Kosmos schien sich verbündet und verschworen zu haben. All die Nachbarn, die Dorfgemeinschaft, die neuen Eigentümer meines Hauses und weiß Gott, wer da im Hintergrund unfassbarerweise noch mitwirkte, weil der Landwirt mit dem Bauern von nebenan im Gemeinderat saß und jemanden kannte, der jemanden kannte und so weiter und so fort – sie alle schienen sich inmitten von Neid und Missgunst und einer gehörigen Portion eigener gewitterter Chancen auf ein Grundstück, das schon immer alle haben wollten, zusammengetan zu haben. Mit einem gemeinsamen, klaren Ziel vor Augen: meinen letzten kleinen Rest Lebenstraum komplett zu zerstören und aus einem unscheinbar kleinen Pferdestall am Ortsrand, einst gefüllt mit Liebe, glücklichen Seelen und großen Visionen ordentlich eingebettet in Sonnenblumen, Hortensien und Lavendel ein weiteres Stück Garten mit Golfrasen oder alternativ bestücktes Feld oder auch herzlich gerne Brachland zu machen. Egal. Hauptsache zerstören. Mitten in einem Dorf, das mehr Kühe und Pferde in der Nachbarschaft fasste als Menschen, schienen genau diese Tiere auf meinem kleinen Stückchen Land nämlich vollumfänglich zu stören.

Während man meiner Freundin vor Ort (absolut ungerechtfertigt und aus purem Hass heraus) das Veterinäramt schickte, das natürlich am Schluss unverrichteter Dinge und etwas angesäuert die Ranch verließ, weil es nicht die zuständige Institution für nachbarschaftliche Missgunst war, klingelte in München pausenlos mein Handy. Und jedes Mal, wenn ich die Nummern niederbayerischer Behörden auf meinem Telefon sah, stellten sich meine Nackenhaare auf und in Gedanken übergab ich mich einmal schnell, bevor ich mich dann nett und freundlich am Telefon meldete, um die nächsten Probleme zu lösen und mich ein weiteres Mal dafür zu bedanken, dass man mir ans Bein pinkeln wollte.

Der Höhepunkt war erreicht, als ich beruflich zurück in meiner alten Heimat war. Ich fotografierte am Wochenende ein Trachtenfest und stand, ausnahmsweise mal ohne all meine Sorgen im Hinterkopf, mit einem Schluck kaltem Radler an der Bar und unterhielt mich mit meiner ehemaligen Stammkundin, die sich sehr freute, mich mal wieder zu sehen, und dass ich, um ihr Jubiläum zu fotografieren, extra den Weg aus München auf mich genommen hatte.

Ein Bekannter, der im Stadtrat saß, kam auf mich zu. Er erkundigte sich, wie es mir denn so erginge in der großen Stadt. Und im Anschluss meinte er:

„Du Manu, im Vertrauen, man denkt darüber nach, den Pferden auf deiner Ranch das Wasser abzudrehen."

„Man tut WAS?!" Ich verschluckte mich vor Empörung so, dass mir mein kühles Radler aus der Nase kam und mir vor Wut die Tränen in die Augen schossen.

„Anscheinend sind auf deiner Ranch Tränkebecken verbaut, die nicht mehr zulässig sind."

„Du meinst auf meiner neu erbauten Ranch, nach den neuesten und modernsten Standards? Mit den gleichen Standard-Tränkebecken, wie sie jeder Pferdestall im Umkreis von 2000 km nutzt? Auch der alte Reiterhof nebenan, bei dem die 30 Jahre lang kein Problem machten und es auch niemals tun werden?"

„Ich will dich nur warnen, man sucht Gründe."

Ich machte die letzten Bilder und stieg in mein Auto. Dort blieb ich ganz hinten am Parkplatz erstmal sitzen und wartete, bis meine Hände aufhörten zu zittern. Nicht nur vor Angst. Sondern vor Ausweglosigkeit. Und purer Überforderung. Ich war nach all den Kämpfen am Boden. Ich konnte einfach nicht mehr. Und ich war müde davon, eine Lösung für ein Problem zu suchen, während zeitgleich noch drei weitere Probleme aufkamen. Ich hatte viel geschultert. Tapfer ertragen. Aber langsam wurde ich müde und mich verließen meine Kräfte.

Ich fuhr die Einfahrt hoch zu meinen Eltern und dann überkam es mich. Als ich aus dem Auto stieg, sank ich daneben weinend zusammen und ich konnte nicht aufhören, bis irgendwann mein Papa neben mir auftauchte.

„Sie wollen das Wasser abdrehen. Diese Bestien. Das können sie doch nicht machen, da sind doch die Pferde von Mia. Wir haben doch nichts falsch gemacht."

Mein Papa telefonierte den kompletten Montag mit der Stadtverwaltung. Der Vorsitzenden des Bauamtes. Dem Bürgermeister. Sie alle waren jahrzehntelange Stammkunden seines KFZ-Betriebes. Und da es am Dorf nun mal so läuft, ob man will oder nicht, fand er unter diesen Voraussetzungen am Ende im Gegensatz zu mir auch Gehör.

Wie sich herausstellen sollte, konnte Papa das Problem damit am Telefon klären. Er kaufte noch am Montag drei nagelneue „Schwimmer-Tränkebecken" und da mein Vater handwerklich einfach wirklich alles konnte, verbaute er sie auch sofort. Was hätte er in einem derartigen „Notfall" mit eigenem Betrieb und Mitarbeitern auch sonst zu tun gehabt an einem Montag?

Auf einer Ranch mit einwandfrei installierten und verbauten und sogar beheizbaren Selbsttränken für Pferde spontan alles aufzureißen und umzubauen, nur weil die Mitarbeiter der Verwaltung, gute Freunde der Dorftyrannen und Mitglieder des Stadtrats, spontan gerne im einzigen Stallgebäude des kompletten Landkreises völlig willkürlich gerne lieber Schwimmertränken sahen und es so geschickt unter eine Richtlinie packten, die sie befähigte, alternativ sonst trotz lebendem Tierbestand vor Ort einfach das Wasser abzudrehen. Diese lächerliche, verabscheuungswürdige Aktion hätte uns mit Fachfirmen spontan eine Stange Geld gekostet. Und in große Schwierigkeiten gebracht, hätten wir nicht sehr zeitnah eine gefunden, die den Umbau vornehmen konnte. Und ich glaube, das war genau das, was man wollte. Damit war das Problem nämlich aus der Welt geschafft und man fand sonst keinen weiteren Angriffspunkt mehr.

Die Wasserzufuhr zu den (Schwimmer-)Tränkebecken der Ranch ist damit für immer ausnahmslos und vorbildlich gewährleistet. Sämtliche Leitungsrechte für immer im Notarvertrag des Hausverkaufs geregelt.

Auch wenn meine Ranch damit wahrscheinlich bis heute der einzige Pferdestall des Bayerischen Waldes ist, der nach speziellen, sehr strengen Verordnungen sogenannte „Schwimmertränken" zwangsweise brauchte. Während all die anderen Pferde dieser Welt glücklich und zufrieden ihr Wasser aus altbewährten Standard-Tränkebecken oder gar schmutzigen, im Winter eingefrorenen Kübeln genießen und kein Amt der Welt darin jemals ein Problem sehen wird.

Die traurige Realität im Jahre 2025: Die Wasserzufuhr zu meiner Ranch liegt heute schon lange ungebraucht still. Genau wie die Ranch. Die Türen hängen noch in ihren Angeln, aber sie öffnen sich für niemanden mehr. Wo früher Blumen wuchsen, ist heute verkommene Wildnis. Wo Hufgetrappel und leises, zufriedenes Schnauben die Luft mit Lebensfreude füllten, herrscht jetzt nur noch trauriges, verlassenes Schweigen.

Die Tränkebecken, in denen immer ein gewisses Maß Wasser „schwimmen" musste, weil man damit einen Menschen schikanieren konnte, sind ausgetrocknet und eingestaubt, als hätten sie das Atmen verlernt. Und Spinnweben ziehen sich wie graue Schleier über die Ränder, dort, wo früher frisches Wasser glänzte und durstige Ponylippen platschten. Die Boxen sind leer, und selbst die Bretter scheinen müde geworden zu sein, als hätten sie längst aufgehört zu hoffen, noch einmal Pferde zu beherbergen.

Ich erinnere mich an die Stunden, in denen ich diesen Stall gemeinsam mit meinem Papa mit unseren bloßen Händen aufgebaut habe – jede Latte, jedes Scharnier, jeder Stein und jedes Stück Holz war Teil eines Traums. Eines Traums, der davon erzählte, dass Pferde hier nicht nur untergebracht, sondern glücklich sein sollten. Doch man wollte kämpfen und zerstören. Nicht mit mir, sondern ausnahmslos gegen mich.

Gegen die Idee, dass dieses Stück Erde für Freiheit, Fürsorge, Liebe und ein Leben in Einklang mit der Natur und den Tieren stehen könnte. Die Stimmen waren lauter, verlogener, mächtiger – und am Ende blieb nur das, was jetzt vor meinem inneren Auge liegt: ein leeres, verkommendes Stück Land, das einmal voller Leben war.

Und während ich an die verwaisten Tränken denke, frage ich mich: Was ist nur aus uns Menschen geworden, wenn wir lieber hasserfüllt auf verkommene Ödnis starren, als Freude atmen zu lassen?

Natürlich ging das alles nicht von heute auf morgen. Und vor allem nicht ohne weitere Probleme. Probleme, die von außen kamen. Probleme, die Freundschaften und damit die Möglichkeit eines an anderer Stelle weiter gelebten Lebenstraums zerstörten, sobald eine Menge Geld ins Spiel kam. Probleme, die mich viel Geld kosteten und mein letztes bisschen Lebensfreude. Probleme, die so hässlich waren, dass sie in einem wunderschönen Buch wie diesem keine Zeilen finden sollten. Probleme, die mich am Ende mit in meiner Entscheidung bestätigten, dass die Ranch für immer ein Ende finden musste. Weil zu viel kaputt war, als dass sie jemals noch ein schönes Zuhause frei von Sorgen hätte sein können. Für niemanden. Auch nicht mehr mein eigenes und jenes von Apple, Sissi und Honey.

Und so verkaufte ich den letzten Strohhalm, der von meinem Stall voller

Träume übrig geblieben war. Nicht an einen der Aasgeier dieses Dorfes – sondern an einen älteren, lieben Mann, der preiswert eine geräumige Scheune zum Brennholzmachen suchte. Einen Rückzugsort von den Menschen, wie er sagte. Einen Ort nur für sich alleine, wo er in Ruhe Holz spalten konnte.

Und auch, wenn ich meine Unterschrift beim Notar nicht fließend, sondern mit gebrochener Handschrift leistete, die direkt aus meinem gebrochenen Herzen kam, leistete ich sie und kam nie mehr zurück. Es war Zeit, meinen Hut zu ziehen und zu gehen.

Auch für Mia, Caprice und Tinka, die nach einer schwierigen Zeit zwischen uns, weil Mia meine Ranch am Ende nicht wie geplant kaufen konnte, leider auch aus meinem Leben gingen und wieder zurück in ihr altes Zuhause, dem Pferdehof nebenan – wo sie zum Glück mit offenen Armen aufgenommen wurden. Caprice hat sich nach einer kurzen Weile auf den Weg gemacht. Hoch in den Himmel, zu ihrer besten Freundin Costi ... wo sie für immer beide ihren Frieden gefunden haben und als beste Freundinnen vereint sind.

KAPITEL 12

STEP BY STEP, STEIN FÜR STEIN

In der Zwischenzeit war auch in meinem Leben in München viel passiert. Und wen soll's noch wundern … auch nicht nur Positives. Aber wäre es nur Positives gewesen, wären wir heute nicht dort, wo wir sind. Also erzähle ich euch meine Geschichte einfach weiter so, wie sie eben verlief.

Wir hatten also zwei Jungpferde gekauft, ein Quarter Horse und einen Appaloosa, und damit den Grundstein gelegt für ein Dasein im Westernsattel. Für Björn gab es ja sowieso nie etwas anderes. Und auch mich zog diese Welt, die so anders war als jene, in deren Sattel ich schon jahrzehntelang zuhause war, in ihren Bann.

Mein Appaloosa, „Charlie Brown White Art", kurz „Charlie", sollte Western ausgebildet werden. Und auch ich wollte es lernen. Vor allem die Welt des Reining Reitens begeisterte uns mit ihren schnellen Spins und beeindruckenden Stops. Eine ganze Weile ging das auch gut. Charlie & Rusty hatten beide Vollverpflegung und Vollberitt gebucht. Sie waren also während der Woche versorgt. Denn die Woche über war ich hauptsächlich bei Apple und den Ponys in der Englisch-Anlage, in der ja alles nicht sehr reibungslos funktionierte und in der ich ja auch mitarbeiten musste. Und am Wochenende fuhren Björn und ich nach den „Mädels", also den Stuten Apple, Honey und Sissi, immer weiter zu den „Jungs", also unseren Wallachen Rusty und Charlie.

So entwickelten wir ein schönes Ritual und setzten immer automatisch ein Lächeln auf, wenn wir am Parkplatz die Turnschuhe und Reitstiefeletten gegen unsere Cowboy Boots mit den klackernden großen Sporen dran eintauschten und um uns herum alles entspannt und glücklich schien.

Cowboy Up! hieß es, wenn wir die Autotür hinter uns schlossen und durch das Tor der Ranch gingen, auf der ihrem Namen nach die Sonne unterging. Man fühlte diesen Vibe. Diese Leichtigkeit und Freiheit, die ein Sonnenuntergang mit sich brachte. Und Cowboy Boots. Und es war immer wieder verlockend, ein Teil davon zu werden, indem man sich einen Hut oder eine Kappe aufsetzte und sich sein Pferd sattelte.

Das alles änderte sich, sobald wir Apple und die Ponys damals dann auch auf eben diese Ranch gebracht hatten. Denn von nun an waren wir nicht mehr nur am Wochenende „zu Gast" in der Welt der Cowboys, sondern ich verbrachte jeden Tag bei ihnen, von frühmorgens bis spätnachmittags. Schließlich hatte ich dort nun fünf Pferde zu versorgen und wollte auf Nummer sicher gehen, dass Apple und die Ponys nun endlich ankommen konnten. Zur Ruhe kamen. Raus durften. Verlässlich abends wieder reingebracht und nicht draußen vergessen wurden (auch das war tatsächlich auf der alten Anlage nicht nur einmal passiert – it's a shame!) Und bei genug gutem Heu auf ihrem Paddock an der Box mit Frieden im Herzen den Sonnenuntergang beobachten konnten, ohne irgendeinen Stress zu verspüren, weil die Grundversorgung nicht gegeben war, obwohl ich monatlich viel Geld dafür bezahlte (bei einem Boxenpreis von 500-800 € aufwärts pro Box und Monat hatte ich Landei mir das eigentlich als selbstverständlich erachtet – aber ich sollte „Lebenserfahrung" sammeln müssen und eines Besseren belehrt werden). Nichts wünschte ich mir mehr. Als einen Ort für uns alle, an dem wir zur Ruhe kommen durften.

Doch die Realität sah leider anders aus, denn je tiefer wir in die Welt dieser faszinierenden Westernranch eintauchten, desto klarer wurde, dass auch hier vieles nur eine glänzende Oberfläche war. Hinter den Kulissen brodelte ein Geschäft, in dem Lug und Betrug zum Alltag gehörten. Verkaufspferde wurden wie Ware gehandelt, Geschichten dahinter gefärbt, Fehler kaschiert. Einem Teil der Sportpferde dort erging es nicht anders.

Auch unser Beritt, für den wir regelmäßig bezahlten, entpuppte sich mehr und mehr als Fassade. Lässige Stiefel und große Worte – doch die Wahrheit dahinter war ernüchternd. Am Ende stellte sich heraus, was wir immer mehr vermuteten. Dass wir nach einem ehrlicherweise schönen, guten Start viel Geld für etwas bezahlten, was am Ende nicht oder nur schnell und unter ungesundem Druck für die jungen Pferde geleistet wurde.

Ich weiß bis heute nicht, ob ich tatsächlich so wenig Menschenkenntnis habe, dass wir uns gemeinsam mit ganz vielen anderen Menschen haben so sehr blenden lassen. Oder ob das Gerüst dieser großen, wundervollen Anlage einfach tatsächlich nach und nach immer mehr ins Wanken geraten war, weil man immer noch schneller, höher, weiter wollte – und der Druck und die Kosten irgendwann ins Unermessliche anstiegen, während die Pferdeanzahl für die dort angelegten Kapazitäten irgendwann aufgrund des immer noch größer gewitterten Geschäfts irgendwann einfach weit überschritten war und man sich maßlos in jeder Hinsicht übernahm. Am Ende geriet das Leben des Inhabers ins Wanken und mit ihm immer mehr auch die Liebe und Fürsorge für die Pferde.

Für mich war das der letzte Anstoß. Ich konnte es nicht weiter ertragen, mit einem mulmigen Bauchgefühl nach Hause zu fahren, während meine Pferde auf fremde Hände angewiesen waren. Ich hatte es endgültig satt, Einstellerin zu sein. Abhängig von Entscheidungen anderer. Ausgeliefert an Strukturen, die nicht meine waren.

Wenn es dabei nur um mich gegangen wäre, wäre es ein anderes Thema gewesen. Aber es ging um meine Pferde. Um Lebewesen, deren Wohlergehen in meiner Verantwortung lag. Ich hatte es satt, dass mir die Hände gebunden waren, während ich monatlich hochgerechnet den Betrag einer Eigenheimrate an jemanden bezahlte, der sich darum kümmern sollte – es aber schlichtweg nicht tat.

Ich erinnere mich daran, dass neben den Ponys in einer Art „Offenstall" irgendwann zwei alte Pferde untergebracht waren. Von Menschen, die ihnen dort ihr Gnadenbrot bezahlten, aber nicht selbst vor Ort sein konnten (oder wollten). Der alte Haflinger und die braune Stute hatten in den schlechtesten Zeiten am Ende bis zu drei Tage die Heuraufe nicht aufgefüllt bekommen, wenn sie leer war. Sie standen knietief in ihrem eigenen Mist.

Der Stalltrakt war abgelegen am Fuß eines kleinen Berges und es war mühsam, durch den Matsch nach unten zu ihnen zu gelangen. Gerade in der kalten Jahreszeit. Das Personal war mit der Pflege der rund 200 Pferde der

Sportanlage ohnehin überfordert. Und diese Pferde dort am Fuß des Berges waren alt, krank und wertlos. Also setzten sie Prioritäten und überließen sie ihrem Schicksal.Also schleppten Björn und ich ihnen täglich Wasser und Heu hinunter und machten ihnen einen Liegeplatz sauber. Ich habe Personal und Stallbetreiber so lange darauf angesprochen, bis ich es nicht mehr mit ansehen konnte.

Gemeinsam mit einer lieben Freundin, die ich während meiner Zeit auf der Ranch dort kennengelernt hatte, zufällig auch noch einer Juristin, haben wir die Ämter informiert. Natürlich hätte das auf menschlicher Ebene unangenehm für uns werden können. Aber es war wichtig, diesen verwahrlosten Wesen eine Stimme zu geben, die selbst keine hatten. Eine Stimme, die laut und deutlich erklang. Die zwei Pferde waren nämlich nicht die einzigen, die diesen Missständen ausgesetzt waren. Andere zum Beispiel wurden gefüttert, aber sahen monatelang am Ende kein Tageslicht mehr. Als sie anfingen sich zu wehren, wurden ihnen Fußfesseln angelegt. Damit man ihr Schlagen gegen Boxenwände nicht mehr ertragen musste.

Als Mensch mit einem Herzen konnte man nicht länger zusehen. Man musste laut werden. Seine Stimme für die Tiere erheben. Und sie wurde gehört. Auch wenn das Veterinäramt am Ende handelte und heute kein armes Pferd mehr an diesem Ort still leiden muss, war dieses Amt am Ende das geringste Problem der Anlage.

Es war wie in einem schlechten Film. Dauernd parkten irgendwelche Behördenfahrzeuge neben den Pferden, die noch vor Ort waren, und es wurden immer mehr große Gerichtsverfahren eröffnet. Björn und ich waren uns einig. Unsere Pferde wussten wir dort nicht mehr sicher aufgehoben. Wir brauchten einen Plan B. Oder eher C. Nein, D.

Und dieser Plan, das war für mich jeden einzelnen Tag, seit ich meine kleine niederbayerische Ranch damals verlassen hatte, immer schon und ausnahmslos Plan A. Mein Traum, meinen Pferden bei mir „zuhause hinterm Haus" ein Zuhause zu geben – er war nie erloschen. Im Gegenteil. In meinem Herzen brannte er unaufhörlich noch heller und größer als je zuvor. Und nichts konnte diesen Brand löschen.

Mit jedem Ärger, jeder Träne, jeder Niederlage, jedem, der versuchte, sich ihm in den Weg zu stellen, loderte er noch mehr auf. Jeder Stein, der mir in den Weg gelegt wurde, befeuerte ihn wie Spiritus, der das Feuer noch größer werden ließ. Mein Körper war zwar müde. Aber mein Herz, das kämpfte weiter. Unermüdlich. Und diesmal war mein Herz nicht allein. Es hatte sein Gegenstück gefunden, das genauso laut schlug. Mit einer Vision, die genauso hell und beständig in ihm brannte. Ich hatte nun den richtigen Mann an meiner Seite. Den Einen, der meinen Traum nicht nur verstand, sondern ihn mittlerweile genauso leben wollte, wie ich es tat. Weil er sein Pferd liebte. Weil er unsere Pferde liebte. Weil er verstand, dass es nicht nur um Sport, sondern um Leben ging.

Als ich damals morgens bei Björn und unserem gemeinsamen Kaffee am Tresen in der Küche stand, war ich aufgeregt. Ich hatte mir ein schönes Kostüm angezogen und mir mit viel Make-up ein Lächeln ins Gesicht gemalt. Eine knallharte Fassade.

Während meine Hände vor Aufregung und Verwirrung fast zu nass vom Schweiß waren, um die Tasse mit dem ersten Schluck Kaffee festzuhalten, bevor es für mich los ging. Ich biss die Zähne zusammen, um nicht anfangen müssen zu weinen. Tat ich das Richtige?

„Schatz, wenn ich gleich losfahre und beim Notar unterzeichne, dann ist es endgültig. Dann ist mein kleiner, eigener Stall für immer weg. Wenn ich ihn verkaufe, habe ich keinen Strohhalm mehr. Kein Zurück."

„Das brauchst du dann auch nicht mehr. Wir kaufen uns etwas Eigenes. Kein „Zurück", sondern eine Zukunft. Eine gemeinsame Zukunft.", er schmunzelte." Und für unsere aktuelle Anzahl an Pferden wäre dein kleiner Stall ohnehin viel zu klein. Wir brauchen etwas viel Größeres."

Er hatte mich zum Abschied auf die Stirn geküsst und mich ganz fest in den Arm genommen. „Wir kaufen uns einen eigenen Hof. Wir brauchen deinen Stall nicht. Fahr los und rock das Baby, und wenn du heute Abend wieder zurück bist, stoßen wir an und legen los. Versprochen. Hoch und heilig."

Und da hoch und heilig versprochen ein Wort war und es aus dem Mund des einzigen Mannes kam, dem ich neben dem meines Vaters blind vertraute, fuhr ich los und verkaufte alles. Um am Ende noch viel mehr zu bekommen.

KAPITEL 13

DER HERZL HOF

Und so begannen wir zu suchen. Nach unserem Ort, nach einem Stück Land. Nach einem Ort voller Visionen. Nach einem alten Hof, auf dem Staub und Stille einem neuen, freudigen Klang weichen sollte. Dem Klang von Pferdehufen, die frei über die Wiese galoppieren. Nach dem Klang von friedlich gemümmeltem Heu, der Zuhause symbolisierte wie kein zweiter. Dem Klang eines Lebens, in dem wir alle ankommen durften. Unserem „Für-immer – Zuhause".

Es war kein einfacher Weg – jeder Schritt zeigte uns neue Hürden, jeder Blick auf die Realität ließ uns die Größe unseres Traums spüren. Doch wir wussten: Wir wollten das mehr als je zuvor. Diesmal würden wir ihn gemeinsam Wirklichkeit werden lassen und nichts konnte uns aufhalten.

Die Suche nach einem eigenen Hof war zu Beginn ein unfassbares Abenteuer, das uns Schmetterlinge in den Bauch zauberte. Ich hatte nie aufgehört, alle gängigen Immobilienportale online nach Möglichkeiten der Pferdehaltung zu durchforsten. Nur diesmal träumte ich mich währenddessen nicht davon, in ein Leben, das ich mir so sehr wünschte, das aber nicht existierte. Diesmal konnte ich hochoffiziell Besichtigungstermine vereinbaren. Es war ein Meilenstein, der mich aufblühen ließ und mir einen Rückenwind gab, den nichts und niemand hätte aufhalten konnte. Außer vielleicht … unser Bankkonto. Denn obwohl wir finanziell ehrlicherweise gut genug aufgestellt waren, um ein derart großes Projekt wie das des eigenen Pferdehofes stemmen zu können, wurde uns klar, dass der Traum in Bayern im Gegensatz zum Rest des Landes nicht nur teuer war, sondern oftmals unbezahlbar.

Es gab traumhafte Pferdeimmobilien mit Reithalle, Reitplatz, Paddockboxen und Weiden und einem Wohnhaus mit Pool gleich daneben. Aber angesichts des Preises schaffte es keine von ihnen, egal wie wir es drehten und wendeten, auch nur zumindest auf die Telefonliste, um beim zuständigen Makler Details erfahren zu dürfen. Eine Möglichkeit wäre gewesen, unseren Radius von Bayern auf „deutschlandweit" zu erweitern, was uns ganz andere Möglichkeiten geboten hätte. Wir haben lange darüber gesprochen und überlegt. Beruflich wäre es für uns beide möglich gewesen, unseren Wohnort einmal komplett zu verlagern. Aber eines hielt mich auf. Ein Punkt wog größer als der Traum einer Anlage mit eigener Reithalle: Meine Familie. Meine Wurzeln. Sie waren in Bayern. Und genau dort wollte mein Herz seine Heimat behalten.

Also fingen wir an umzudenken und neu zu suchen. Nach Höfen, die nicht theoretisch übermorgen bereit zum Einzug waren. Sondern nach Höfen, die es mit viel Fantasie theoretisch einmal werden könnten. Weit entfernt von Reitplätzen oder gar Hallen im Dressurmaß. Und damit startete ein ganz anderes Abenteuer mit unzähligen Annoncen, Gesprächen mit Maklern, Fahrten zu Höfen – die alle auf den ersten Blick verlockend und auf den zweiten Blick einfach nur ernüchternd waren.

Jede Absage stach wie ein kleiner Rückschlag, jeder Hoffnungsschimmer ließ unsere Herzen schneller schlagen. Es war eine Achterbahnfahrt der Gefühle. Und auch wenn man solche großen Entscheidungen für ein Leben mit Ruhe und Bedacht angehen muss und man nichts übers Knie brechen durfte, war es am Ende aber genau das, was ich wollte. Nicht noch länger träumen, hoffen, warten, bangen. Sondern endlich starten, machen, bauen, LEBEN.

Endlich besichtigten wir einen Hof, der zwar nicht perfekt schien – aber machbar. Doch bevor wir Dinge mit der Bank klären konnten und einen weiteren Termin zur Besichtigung mit meinem Vater (unserer zukünftigen „Bauleitung" unseres Vertrauens – es ging nur mit Eigenleistungen und mein Vater hatte zahlreiche Immobilien von Hand aufgebaut, es gab keinen Besseren – wenn einer wusste, wie man sich ein großes Leben aufbaute, ohne Millionär oder zumindest reicher Erbe zu sein, dann er. Und zwar nämlich mit den eigenen Händen) vereinbaren, kam uns jemand zuvor. Und kaufte uns den Hof vor der Nase weg.

Die Absage fühlte sich an, als hätte uns jemand unsere Zukunft entrissen. Wir suchten weiter, aber kannten mittlerweile jede auch nur ansatzweise verfügbare Immobilie auf dem Markt wie unsere Westentasche. Es gab nichts mehr.

Und dann tauchte er auf: der Hof, den niemand wollte. Super schlecht vermarktet, heruntergewirtschaftet, mit Fotos, die mehr abschreckten als lockten. Kein Reitplatz, keine Halle, nicht einmal Wasser und Strom im Stallgebäude. Keinerlei Basis für eine geplante feste Basis für eine Pferdehaltung. Dafür aber ein altes Haus, das hätte abgerissen werden müssen, und ein altes, das für einen Einzug kernsaniert werden musste. Teils Hanglage. Ein Ort, der bisher mit Pferden so viel zu tun hatte wie ein leerer Parkplatz mit einem Festumzug, und obendrein bisher als voll vermietete Kapitalanlage diente.

Björn winkte ab. „Da fahren wir nicht hin", sagte er. „Das ist Zeitverschwendung. Und obendrein juristisch betrachtet das volle Risiko."

Hatte ich je erwähnt, dass er sehr erfolgreicher Anwalt ist und damit durchaus wusste, wovon er sprach? Doch ich konnte nicht loslassen. Ich bin, wenn man so will, ein „bayerischer Vollzeit-Stier", und wenn ich mir etwas in den Kopf gesetzt habe, nicht nur vom Sternzeichen her Löwe. Ein Boss Babe. Eine Leitstute. Der Fuchs mit vier weißen Beinen, den wir alle fürchten. Diejenige, die mit dem Kopf durch die Wand geht, und wenn es sein muss, auch ohne Helm auf dem Kopf oder Hammer in der Hand.

Und so hatte Björn eigentlich nur die Möglichkeit, am Ende JA zu sagen und mit mir und natürlich den Hunden im Gepäck an einem nebligen, kalten, grauen Novembermorgen sonntags um 8 Uhr ins Auto zu steigen und auf der Autobahn in Richtung „Bruchbude", wie er sie liebevoll nannte, zu fahren, um, wie er dachte, seine Zeit zu vergeuden. Aber: Jede kleine Chance musste genutzt werden – wer weiß schon, welche Wunder sich hinter einer hässlichen Fassade verbergen? Also bestand ich ganz lieb lächelnd darauf. Und so fuhren wir los.

Die Fahrt war angenehm und zeitlich in machbarer Entfernung zur Großstadt. Ein erster wichtiger Pluspunkt, da Björn, im Gegensatz zu mir, nicht selbstständig war und bei allen Möglichkeiten bayernweit München das fahrbare Zentrum bleiben musste, um das wir das alles wickelten.

Vor Ort dann die pure Überraschung: Ja, der Hof war heruntergewirtschaftet. Ja, er hatte nichts von dem, was wir uns in unseren Träumen ausgemalt hatten. Aber zwischen den bröckelnden Mauern, dem (riesigen!) Stallgebäude ohne fließend Wasser und ohne festen Boden, den vernachlässigten Wiesen und zahlreichen Obstbäumen lag etwas, das man nicht auf Exposés oder Bildern erkennen konnte. Ein Gefühl. Platz für Ideen. Freiheit zum Gestalten. Raum für einen neuen Anfang.

Und während wir mit dem Makler unsere Runden in einem alten Haus drehten, das so gar nicht unseren Wunschvorstellungen entsprach, und die Hunde aufgeregt um die kahlen Bäume auf der vom Frost überzogenen Wiese daneben sausten und alles aufgeregt erkundeten, war es, als würde das Land selbst zu uns flüstern: Hier könnt ihr etwas Eigenes erschaffen. Nicht vorgefertigt, oder fertig, nicht von anderen geprägt. Sondern mit eurer eigenen Handschrift gezeichnet.

Zum zweiten Termin kamen meine Eltern mit. Und binnen weniger Minuten hatten Papa und ich einen genauen Plan gestrickt davon, welche Wände wir rausreißen würden, wo die freistehende Badewanne stehen sollte, welche großen Fliesen die alten, kleinen, hässlichen aus den in die Jahre gekommenen Badezimmern, in denen man momentan nichts anfassen wollte, ersetzen würden. Wie man das große, kalte Treppenhaus, das aktuell zu drei separaten Wohneinheiten führte, zu einem wohnlichen Übergang in ein zweistöckiges Einfamilienhaus mit Gästewohnung unterm Dach ummodellierte, das Hauptstallgebäude an die Wasserversorgung anband, den verstaubten Schotterboden zu Beton machte und Paddockboxen daraus zauberte, indem man die Wände mit Türen versah. Der LKW-Parkplatz würde ein befestigter Auslauf vom Stalltor aus werden und daran angrenzend eine große Weide, die sich um die komplette Hoffläche erstreckte. Das alte, verkommene Haus würde einem Reitplatz weichen, daneben müsste etwas aufgeschüttet werden.

Im Gegensatz zu Björn machten wir das nicht zum ersten Mal, der Papa und ich. Aus Nichts … ganz viel. Ein Haus kernsanieren oder ein Zuhause aus dem Nichts Stein für Stein selbst hochzuziehen. Es war viel harte Arbeit. Aber es würde sich lohnen. Wir wussten, wovon wir sprachen. Und mit all diesen Visionen im Kopf war Björn plötzlich ganz bei uns.

Ja, es blieben andere Risiken, um die aber Björn sich kümmern würde, weil Papa und ich da keine Ahnung davon hatten. Und so wurden wir ein unschlagbares Team, das für dieses riesengroße Projekt brannte. Wir würden es machen. Unseren Lebenstraum nicht einzugsbereit kaufen. Sondern ihn von Hand aufziehen und ihn damit überhaupt erst möglich machen.

Mama wusste, aus welchem Holz Papa und ich geschnitzt waren und auch, dass ich meinen großen Kopf von ihm geerbt hatte, genau wie die Liebe zu den Pferden. Und deswegen hatte sie eine Flasche Prosecco eingepackt und fünf Gläser. Damit wir gemeinsam mit dem Makler auf unsere Unterschrift anstoßen konnten.

Wir haben es tatsächlich getan. Wir haben den Herzl Hof gekauft. Oder vielmehr sein Grundgerüst, in das wir fortan all unser Geld, all unser Herzblut, all unsere Arbeitskraft stecken werden. Es fühlte sich unfassbar an. Einfach großartig.

Und weil das Jahr 2021 damit nicht schon schön genug enden sollte, fiel der Notartermin auf den 23.12. und unser zukünftiges gemeinsames Zuhause sollte unser ganz besonderes Weihnachtsgeschenk werden. Wobei ich es bis heute lieber unser Weihnachtswunder nenne.

Es war ein ganz normaler Samstagmorgen im Februar, doch der Tag hätte genauso gut ein früher Sommermorgen sein können. Die Sonne stand hoch am Himmel, als hätte sie gewusst, dass heute ein besonderer Tag für uns war. Und so strahlte sie mit Björn und mir um die Wette. In meinen Händen lag ein ganzer Bund voller Schlüssel – schwer, klirrend, ungeordnet und so unterschiedlich wie die Türen, die sie zukünftig für uns öffnen würden. Es war kein eleganter, polierter Schlüsselring wie der zu einem nagelneuen Einfamilienhaus in einer Vorstadtsiedlung – sondern ein wilder Mix aus Vergangenheit. Und doch: Für uns war es der Schlüsselbund für eine gemeinsame Zukunft. Ich spürte das Gewicht in meinen Fingern, und mit jedem Metallzahn, der an den anderen schlug, wurde mir bewusster: Das hier war jetzt wirklich UNSER Hof. Kein Traum mehr, keine vage Hoffnung – sondern die Realität.

Ich war so in freudigen Gedanken, dass ich gar nicht mitbekam, dass James, Emma und Lotti sich auf Erkundungstour in den Obstgarten begeben hatten und Björn hinter ihnen her war, damit keiner sich auf diesem, unserem neuen, großen Grundstück verlief oder zu nah an die Straße geriet. Und als ich zu ihnen aufsah, lag sie vor mir: die Bergkulisse, die sich wie ein Versprechen hinter dem Horizont erhob. Künftig würden unsere Pferde dort grasen, mit

Blick auf Gipfel, die im Sonnenlicht funkelten. Es fühlte sich an wie Heimkommen nach einer weiten, anstrengenden Reise – aber nicht zurück in etwas Altes, sondern in etwas Größeres, Richtigeres, Vollkommeneres.

„Schatz! Schau mal!", meine funkelnden Augen strahlten ihm entgegen.

„Ja, ich hab's schon gesehen. Kaum zu glauben, dass der Makler vergessen hat, diese Aussicht zu erwähnen. Wir waren ja nur immer an grauen, hässlichen, kalten Novembertagen hier. Damit konnte ja wirklich niemand rechnen."

„Wir haben uns da unwissend wohl für eines der schönsten Fleckchen auf dieser Erde entschieden!"

Wir waren so glücklich. Und wie es schien, wurden all die schweren Tage der Vergangenheit mit der Aussicht auf eine wundervolle Zukunft und die Berge belohnt.

Natürlich war die Realität neben der Fernsicht weniger romantisch: Vor uns lag ein Hof, der eher nach Großbaustelle als nach wahr gewordenem Pferdemädchen Traum aussah. Wüst, verkommen, verstaubt, voller Arbeit, die, neben dem Blick in die Berge der Ferne wie ein Berg an Aufgaben und Arbeit am Fuße der Realität auf uns wartete.

Doch das Licht des Tages und die Wärme in meinem Herzen überstrahlten all das. Meine Mama hatte Krapfen mitgebracht und Kaffee in Thermoskannen. Sie war mindestens genauso aufgeregt und glücklich wie ich, doch dabei hatte sie, weil sie eben meine Mama ist, egal wie alt ich bin, eben auch an eine kleine Verpflegung für uns an diesem großen, aufregenden Tag gedacht.

Und so saßen wir mittags am Anhänger meiner Eltern, der schon parat stand für die erste Entrümpelung. Zwischen Schutt, Müll, einem verwilderten Garten und einem noch wilderen Durcheinander an alten Gerätschaften ringsherum saßen wir dort und aßen süßes Hefegebäck, lachten, klebten uns Puderzucker an die Finger und sahen auf unseren Hof.

Dann eine kurze, aber knackige und ernste Lagebesprechung: Zuerst werden wir die kleine Wohnung im 2. OG des Haupthauses kernsanieren. Sie soll später unsere Gästewohnung auf dem Hof werden. Zuerst aber können wir darin wohnen, bis das Haus fertig ist. Das wird nämlich definitiv ein etwas größeres, langwierigeres Projekt. Und zeitgleich legen wir den Fokus natürlich auf den Pferdestall. Es ist wichtig, dass nach uns sofort die Pferde hier einziehen können.

Natürlich haben wir dann erstmal keine großartigen Trainingsmöglichkeiten, wo nämlich irgendwann der Reitplatz gebaut werden soll, ist noch lange keine Baugenehmigung und auch aktuell noch ein vermietetes altes Wohnhaus. Aber man muss Prioritäten setzen. Und die liegen erstmal nicht im Reitsport, sondern einem gemeinsamen Zuhause für uns alle.

Am Montagmorgen musste Björn wieder ins Büro. Nur weil wir uns einen Hof gekauft und uns damit arbeitstechnisch ein Großprojekt aufgehalst hatten, hieß das nicht, dass wir unsere bezahlten Hauptjobs ignorieren konnten. Ganz und gar nicht. Oder eher: ganz im Gegenteil.

Das Projekt „eigener Hof" ist nicht nur, was den (körperlichen) Arbeitsaufwand der Sanierung vor Ort angeht, ein XL-Projekt. Sondern auch, was die Kosten und die Finanzierung betrifft. Im Gegenzug zu dem, wie die (Social Media) Welt sich das gerne zusammenreimt – nämlich: „Die haben im Lotto gewonnen oder geerbt oder reiche Eltern, die ihnen das finanzieren!", ist die knallharte Realität ausschließlich die, dass es einfach nur heißt: Ärmel hochkrempeln, Zähne zusammenbeißen und den Hintern hochbekommen, und viel und hart arbeiten, um viel Geld zu verdienen, um sich das leisten zu können. Und am Wochenende und vor und nach der Hauptarbeitszeit dann am Hof arbeiten, um was voranzubringen.

Und während Björn während der Woche damit 110 % am Schreibtisch powerte und an den Wochenenden 120 % am Hof …, pendelte ich in dieser Zeit zwischen den Pferden und der Großstadt, Shootings und Fotoaufträgen und dem Mitanpacken auf dem Hof hin und her. Immer mit meinen Hunden im Gepäck. Doch egal, wie viel wir bereit waren, dafür zu geben: Ohne einen Menschen auf dieser Welt hätten wir es niemals geschafft. Und das ist mein Papa.

Er hatte kurz vor unserem Hofkauf beschlossen, dass es für ihn nach jahrzehntelanger Selbstständigkeit mit seinem eigenen KFZ-Meisterbetrieb und seinem eigenen Hausbau, daneben dem Auf- und Ausbau zahlreicher weiterer Immobilien – und zwar von Hand! – Zeit war, das Leben noch ein bisschen zu leben, solange man kann … es zu genießen … und war in Rente gegangen. Doch anstatt irgendwo zum Schnorcheln ans Meer oder zum Bergsteigen in die Alpen oder auch nur zum Relaxen in ein Wellnesshotel mit meiner Mama zu fahren, die sich das ebenso verdient gehabt hätte wie er, führte sein Weg ihn, genau wie Mama, zu uns auf die Baustelle. Papa aber nicht wie uns alle anderen, eben dann, wenn es die Arbeit zuließ. Und erst recht nicht nur ab und an. Sondern fest und pausenlos.

Und so quartierte er sich knapp drei volle Monate lang komplett bei uns auf dem Hof ein. Nicht etwa in die fertige Ferienwohnung oder ein schickes Hotelzimmer. Sowas gab es hier nicht. Sondern in ein altes Zimmer auf dem Hof, welches zu der Zeit leer stand und ein wenig weniger staubig war als die anderen. In einem Bereich, der erst zuletzt umgebaut werden sollte. Er kaufte sich auf dem Weg hierher ein altes Bett auf Kleinanzeigen, baute es sich auf und fing an zu arbeiten.

Er war unser Bob der Baumeister. Unser Mann für alles. Unsere „Bauleitung" und zugleich war er sich selbst oft sein nahezu einziger Mitarbeiter. Der Papa hat einen guten Bekannten, der mit ihm schon mehrere derartige Projekte „durchgezogen" hat. Der half mit. Genau wie wir. Und wann es ging, auch tatsächlich meine ganze Familie. Als die Kernsanierung so weit abgeschlossen war, dass wir im Haus den Boden verlegen konnten, waren sie alle da und packten mit an. Björns Eltern und mein Cousin, die noch nie zuvor auch nur annähernd einen Holzboden verlegt hatten und daher unter den Adleraugen meines Vaters Anweisungen erhielten, mein Onkel, meine Tante, meine Mama, die gemeinsam einen eigenen Trupp im Nebenraum bildeten, weil sie das nicht zum ersten Mal machten. Während Björn, ich, meine (hochschwangere) Schwester, ihr damaliger Freund und eine Horde seiner Freunde zig hundert Meter Koppelpfosten setzten, Weiden einzäunten und im Stall Wände einrissen.

Auch Björn, ich und die Hunde blieben am Wochenende auf der Baustelle über Nacht, um uns die Fahrtzeiten zu sparen. Und unser absolutes Highlight war es immer, wenn meine Mama mit einer Erdbeertorte im Gepäck ankam, die wir in der kleinen, alten Küche unserer heutigen „Sattelkammer", einer kleinen Souterrain-Wohnung, für die wir sonst keine Verwendung hatten und die damals voller alter, ausgestopfter, toter Tiere war. „Jagdtrophäen", die Mama und ich als Erstes mit Handschuhen entsorgten, bevor wir einen Generalgroßputz starteten, um diese kleine Souterrain-Küche zum gemütlichen Baustellen-Zentrum werden zu lassen. Sie hatte eine kleine Eckbank. Eine Spüle und eine Gasherd-Platte. Alles, was man brauchte. Nur keinen Backofen. Den haben Papa und der Paul, sein Helfer, aus einem alten Küchenrest in einer der ehemaligen Wohnungen am Hof ausgebaut, bevor sie die Wände einrissen. Und ihn in der heutigen Traktor-Garage an den Starkstrom angeschlossen. Aufgebahrt auf alten Ziegelsteinen einer eingerissenen Wand, damit das mit der Höhe der Anschlüsse passte. Und darin haben sie, wenn Mama oder ich nicht da waren, um für die Verpflegung zu sorgen, warmen Leberkäse gebacken. Abwechselnd zu Tiefkühlpizza.

Es hat eine Weile gedauert, bis ich dieses Konstrukt entdeckt hatte. Sie wussten, dass ich mit meinem peniblen Ordnungswahn vielleicht etwas daran für nicht so gut befunden hätte. Aber glaubt mir, als ich ihn entdeckt hatte, habe ich zuerst meinen Augen nicht getraut und danach konnte ich nicht aufhören zu lachen.

Es war eine wunderschöne Zeit und es war unfassbar schön zu sehen, wie viele Menschen wir in unserem Leben haben, auf die wir WIRKLICH zählen konnten. Eine Familie, wie sie kein Standard ist, sondern ein großes Geschenk.

Aber es war auch eine Zeit, die uns alles abverlangte. Und noch mehr. Eines Morgens saß ich mit Björn in unserer kleinen Wohnung und wir tranken am kleinen Küchentisch sitzend noch einen Kaffee, bevor wir nach draußen gingen, die Pferde reiten. Aus dem Nichts kam mir meine Pferdekette in den Sinn, die ich ewig nicht mehr getragen hatte. Es war eine etwas dickere Goldkette (heute trage ich eigentlich nur noch sehr sehr feinen Schmuck oder gar keinen), die ich als Jugendliche mal zu Weihnachten bekommen hatte. Von meiner Tante (Papas Schwester) und meinem Onkel, die einen Schmuckladen im Bayerischen Wald betrieben.

An der Kette hing ein Anhänger mit einem steigenden Pferd. Das Gleiche, das mein Opa hatte. Ich habe euch ja erzählt, dass er es jahrzehntelang um seinen Hals trug und selbst nach seinem Unfall und dem Verkauf seines „Pferde-Lebens“ niemals abgenommen hatte. Ich wünschte mir damals dasselbe – und aus dem Nichts erinnerte ich mich an diese Kette und wollte sie umlegen. Ich hatte sie jahrelang nicht getragen oder gesehen und hoffte, sie nach all meinen Umzügen und dem vergangenen Chaos dort zu finden, wo ich sie vermutete. In einer kleinen Schatulle, in der ich auch zwei Ringe aus Gold aufbewahrte. Einen aus Weißgold mit einem hellblauen Stein – eine Erinnerung an meine verstorbene „Kero-Oma“ oder auch die „Hauswald-Oma“, die Oma mütterlicherseits. Kero war ihr geliebter Hund. Und einen goldenen mit einem orangefarbenen Stein. Als Erinnerung an meine verstorbene „Tante-Hanni-Oma“. Die Mama meines Vaters und eben meiner Tante mit dem

Schmuckladen, Hannerl. Die Frau vom Opa. Und zwischen den Ringen lag tatsächlich meine Kette. Ich legte sie um, schloss die Augen und hielt einen Moment lang ganz fest an dem Pferd fest.

Ich hatte den Opa lange nicht gesehen, seit ich nach München gegangen war. Es war schwierig geworden, weil Corona aufkam, und während ich zu meiner Zeit auf der Ranch regelmäßig zu ihm gefahren war, seinen Garten gepflegt und für ihn Einkäufe erledigt hatte, weil er körperlich nicht mehr so fit war, wurde ich irgendwann ja in ein völlig neues, fremdes Leben geschmissen und musste mich fernab von meinen gewohnten Strukturen und weit weg von Zuhause erstmal selbst neu aufstellen.

Er wollte mich auf dem Hof besuchen, wenn er fertig war. Das hat er Papa immer wieder gesagt, wenn der bei ihm war (wenn er mal nicht auf dem Hof gewerkelt hat). An diesem Tag war Papa bei uns auf dem Hof. Er verlegte in einem der Badezimmer unseres Hauses Strom- und Wasserleitungen, damit wir die letzte Wand rausnehmen konnten, die noch anstand. Ja. Er konnte wirklich alles. Und Mama war zuhause und bei Opa im Krankenhaus. Er war von einer Leiter gestürzt, weil er selbst seine Vorhänge waschen wollte. Er wollte nicht hören und warten, bis meine Tante kommt und das natürlich für ihn gemacht hätte. Das „Mit-dem-Kopf-durch-die-Wand" Gen, das hatten Papa und ich, genau wie das „Pferde-Gen", definitiv von ihm geerbt.

Vormittags klingelte mein Handy und Mama war dran. Sie sagte mir, dass es dem Opa nicht gut gehen würde und der Papa heimkommen soll. Kurze Zeit später war er tot. Er hat den Herzl Hof nicht mehr gesehen, aber ich glaube, er passt oben im Himmel sehr gut auf meine Costi auf – seine Pferdekette hat er nämlich auch mit nach oben genommen. Weil man Pferde zwar aus seinem Leben bekam. Aber nicht aus seiner tiefsten Seele.

Ich legte meine Pferde-Kette um, damit fühlte ich mich ihm näher. Ich war sehr traurig, dass ich ihn nicht nochmal besucht hatte und mich darauf verlassen hatte, dass er bald auf den Herzl Hof kommen würde. Aber manchmal ist das Schicksal nun mal eben ein mieser Verräter.

Ich erinnere mich auch an einen Tag, an dem ich morgens todmüde aufgestanden bin und im Schlafanzug, einem Hoodie drüber und Turnschuhen über den Bauschutt und den Dreck am Boden ins kleine Gäste-WC gewandert bin, um mich frisch zu machen und mir die Zähne zu putzen. Es war eiskalt, weil natürlich keine Heizung lief oder funktioniert hätte, und das kleine

Waschbecken im Gäste-WC war alles, was noch nicht eingerissen war. Wir haben natürlich nicht erholsam geschlafen, nachdem wir abends nach einem Tag voller körperlicher Anstrengung gerädert ins Bett auf der Baustelle gefallen waren. Aber es half nichts. Es war Montag und es ging weiter.

Zuerst hatte ich auf der Liste, bergeweise Bauschutt und Müll in Anhänger und Container zum Entsorgen zu laden, danach wollte ich mich um Essen für die Männer kümmern. Dann weiter zu den Pferden, auf dem Weg einen Fototermin für ein Pferdeshooting absolvieren, auf dem Rückweg im Baumarkt in München Material für die Baustelle besorgen, das sie vor Ort bei uns in der BayWa nicht hatten.

Es wurde schon dunkel, als ich auf dem Rückweg zum Hof war. Und ich konnte mich im Auto kaum wach halten. Kaufte mir einen Energy Drink, drehte die Musik laut, machte das Fenster einen Spalt auf und wollte gerade die nächste Ausfahrt auf der Autobahn nehmen, um ein paar Minuten Pause zu machen, als ich für ein paar Sekunden am Steuer einfach einschlief. Als ich aufschreckte, war ich schon am rechten Fahrbahnrand, konnte aber gerade so das Lenkrad nochmal rumreißen. Danach war ich hellwach. Und fing an, vor Schock und Erschöpfung zu weinen. Ich parkte das Auto für einen Moment. Ich brauchte eine Pause. Ich war so erschöpft.

Erzählt habe ich das nur meiner besten Freundin. Sie erinnerte mich daran, wie ich in dieses Großprojekt gestartet bin: und zwar nicht erholt und glücklich und voller Tatendrang. Sondern erschöpft und müde vom Kämpfen. Vom Häuser und Existenzen aufbauen und wieder abbauen und verkaufen, wenn sie fertig sind. Und wenn auch diesmal zum letzten und großartigsten Mal, dann doch das dritte Mal in Folge und das, obwohl ich erst 35 Jahre alt war.

„Achte auf dich, meine Manu. Auch Kämpferinnen brauchen mal eine Pause. Versprich mir das."

„Versprochen!"

Aber … wir standen kurz vorm Umzug der Pferde und waren im Haus schon so weit, dass man eine Vorstellung davon bekam, wie großartig das einmal werden würde. Ich konnte jetzt keine Pause machen. Ich musste das durchziehen. Ich habe mich nur dazu entschlossen, erstmal weniger Shooting-Termine auswärts mit weiter Anfahrt zu vergeben. Das war zwar auch etwas, das ich nicht gerne tat. Meine kleine Firma, mein Business, das immer größer wurde, erstmal zu limitieren und tolle Fotoaufträge lieber Kunden erstmal warten zu lassen. Aber es war notwendig. Denn wenn ich etwas machte, dann mit vollem Herzen. Das geht aber nicht, wenn der Körper einfach völlig ausgelaugt ist.

Dazu kommt, dass in der Zeit des Hofkaufs und Umbaus mein Instagram Account anfing, sehr zu wachsen. Meine Community wurde immer größer, immer mehr Menschen verfolgten online, wie wir unseren Traum Realität werden ließen. Und so wurde es für mich auch Realität, dass ich neben meiner Fotografie zur erfolgreichen Influencerin im Bereich Pferde | Ranchlife | Landleben wurde, die ihr Leben nicht mehr zum Spaß mal mit ein paar Freunden und Handy-Schnappschüssen auf Instagram teilte, sondern jemand, der plötzlich anfing, mit großen Firmen zusammenzuarbeiten, Content professionell erstellte, an Termine, Zahlen, Verträge und Fristen gebunden war, Werbung schaltete und mit dieser App Geld verdiente, während er auf dem Hof werkelte und dabei die Kamera laufen ließ, Videos schnitt und und und.

Mein Job wurde zu meinem Leben und mein Leben zu meinem Job. Und obwohl ich bis heute liebe, was ich tue, und schätze, was ich mir aufgebaut habe, sind in dieser Zeit sämtliche Grenzen verschwommen und ich lebe ein Leben mit einer Selbstständigkeit, die mir zwar viele Freiheiten ermöglicht und das Konstrukt so, wie es heute ist, überhaupt erst machbar macht. Aber auch ein Leben, das keinen Feierabend kennt. Weil es mein Beruf wurde, mein Leben zu filmen und eine, wenn man so will, „daily soap" daraus zu produzieren. Auch an Feiertagen und dem Wochenende, weil sonst Zahlen einbrechen, die mein Leben finanzieren (müssen). Und irgendwie … ist das Fluch und Segen zugleich.

Aber zurück zum größten Segen dieser Zeit damals. Dem Sonntagmorgen im April, als wir schon ein paar Tage „oben" in unserer kleinen aber feinen, fertigen, neu renovierten Gästewohnung schlafen konnten und Papa wieder daheim bei der Mama, weil der größte Brocken Arbeit geschafft war und wir alles weitere in etwas kleineren, „humaneren" Schritten fertigstellen konnten.

Der März hatte uns mit seinem guten Wetter in die Karten gespielt und wir haben gefühlt Berge versetzt, damit wir, jetzt, wo Björn, die Hunde und ich eine gemütliche Bleibe auf dem Hof hatten, endlich auch die Pferde nach Hause holen konnten.

Der erste große Abschnitt der Bauphase hatte uns allen alles abverlangt. Wochen voller Schutt, Schweiß und Staub lagen hinter uns. Und nun stand ich da, morgens um 5 Uhr im Schlafanzug und den Schlappen, die schon vor der Haustür auf mich und die anstehenden morgendlichen Fütterroutinen warteten, startklar, wie sie es auch damals täglich waren. Mitten in unserem neuen, riesengroßen Stall. Er war fertig. Endlich.

Das Herzstück unseres Hofes schlug in hellem, frischem Holz und an den Wänden dunklem Grau, eingefasst von modernen Laternen. Es schlug in klarer Ordnung und sorgfältig gesetzten Details. Die großen Paddockboxen lagen da wie offene Arme, bereit, ihre vierbeinigen Bewohner willkommen zu heißen. Jede war sorgfältig und dick eingestreut, die Raufe gefüllt mit bestem, duftendem Heu, das noch nach Sommerwiesen roch. Daneben stand das Tor offen zu dem großen, befestigten Auslauf, über den es weiterging auf eine riesengroße Weide, die rings um den Hof führte.

Eine Weide so groß, wie sie noch nie zuvor in den Anlagen und auch damals auf der Ranch, auf der ich nicht derart GROSSE Möglichkeiten hatte, eines unserer Pferde erleben durfte. Alles war so, wie wir es uns erträumt und unzählige Male in Plänen und Skizzen aufgezeichnet hatten. Nicht nur funktional allein, sondern auch schön und durchdacht – ein wahres ZUHAUSE, das Wärme ausstrahlte.

Ich ging langsam durch die Stallgasse, fuhr mit der Hand über die glatten Wände, spürte die Ruhe des Ortes und gleichzeitig dieses Knistern von Erwartung in der Luft. Noch war es still. Es war diese magische Ruhe vor einem Neubeginn, die einem vor Aufregung und Freude das Herz bis zum Halse schlagen ließ. Bald würde galoppierender Hufschlag den Boden erfüllen, leises Schnauben die Luft vibrieren lassen, und jedes Wiehern das Herz tanzen lassen. Bald würde der Stall leben. Ich war glücklich. Und stolz.

Und doch gingen all diese Worte nicht weit genug. Denn was hier entstanden war, war mehr als ein Stall. Es war die Verwirklichung eines Traumes, ein Wille, der so stark war, dass er Berge versetzte. Es war ein Stück meiner Seele aus Holz und Heu gebaut. Ein Zuhause – für die Pferde, für uns, für ein Leben, das ich mir nie schöner hätte malen können.

Als wir den Pferdeanhänger anhängten, fing es an zu stürmen und zu schneien und ich fragte mich, warum eigentlich niemals etwas einfach und unkompliziert laufen konnte. Ich hatte immer schon Angst, bei so einem

Wetter mit dem Anhänger zu fahren und Pferde zu transportieren. Und hätten wir nicht unsere Boxen gekündigt gehabt, um nach einer unschönen Zeit endlich nach Hause zu fahren, hätten wir den Zeitpunkt sicherlich verschoben.

Aber jetzt … holten Björn und ich uns eine Jacke und Handschuhe und fuhren los, um uns gemeinsam im Schritttempo durch Schnee und Eis zu kämpfen und in drei Fuhren (die Strecke ließ sich ordentlich fahren bei dem Wetter) unsere Pferde nach Hause zu holen. Sie alle stiegen zielstrebig ein, als wüssten sie, was auf sie wartete.

Und bei der letzten Tour mit unseren Jungs, als Charlie und Rusty auf dem Anhänger standen, ich die Klappe hinten schloss und nicht mehr zurückblickte, fiel die ganze Anspannung der letzten Jahre von mir ab und es kullerten im Auto schon riesengroße Freudentränen.

„Ich hab mal gehört, dass jeder Mensch für ein Leben nur eine begrenzte Anzahl Tränen zur Verfügung hat und die irgendwann dann für immer aufgebraucht sind!", witzelte Björn neben mir auf dem Fahrersitz, während ich als Beifahrer schniefend auch noch das letzte Tempo-Taschentuch aus der Verpackung holte und mit voller Wucht hineinschnäuzte.

„Oh, ich glaube, dann habe ich meine Menge hiermit offiziell aufgebraucht! It's been a rough time, you know?!", lächelte ich.

Als wir also nun, an diesem 1. April, zum dritten und letzten Mal auf den Hof bogen, lag immer noch alles voller Schnee und Eis, und ehrlich gesagt war es kein Aprilscherz, dass der Hof, der ohnehin hinten und vorne noch eine einzige Baustelle war, in dieser Eiseskälte noch weniger einladend aussah als zuvor. Aber das war egal. Denn auch, wenn er noch lange nicht fertig war und an diesem Tag von außen auch nicht unbedingt alles schön war, war der Stall fertig, und das hier vor uns war unser gemeinsames „Für-immer-Zuhause", das uns eine wahnsinnig glückliche Wärme ins Herz zauberte, als wir in die Einfahrt bogen. Wir luden nun also auch Charlie und Rusty aus, mit roten, schniefenden Nasen und klammen Fingern. Wir waren so durchgefroren vom Tag, dass wir uns auf der Autofahrt zwischendurch gar nicht aufwärmen konnten.

Die Wallache gingen gemeinsam an Björns und meiner Hand zögerlich und etwas unsicher in das neue Stallgebäude. Doch drinnen warteten schon Apple, Honey und Sissi auf sie und wieherten ihnen freudig entgegen, während sie genüsslich ihr Heu mümmelten und in den großen, hellen Boxen nahezu noch etwas verloren wirkten. Noch nie zuvor hatten sie so große Boxen mit gleich großen Paddocks angrenzend und vor allem einer Tür, die immer offen stand.

Neben Apple zog Charlie in sein Apartment und dann wieder daneben Rusty, der sich gleich mal in all dem Sägemehl wälzte und aufgeregt, voller Freude, immer eine Hand voll Heu im Maul mit nach draußen auf sein Paddock nahm, um sich satt zu essen und dabei aber nichts zu verpassen. Er konnte auf den Vorplatz und die Straße gegenüber schauen. Er war so ein neugieriges Pferd und blühte total auf. Er hatte zuvor zwar auch eine Paddockbox. Aber die war nicht halb so groß und vor allem hatte sie keine spannende Aussicht. Er liebte es.

Die Ponys waren gegenüber auf der anderen Seite der Stallgasse, mit einem bodentiefen Aussichtsbereich in ihrer Boxentür, über die sie ja nicht schauen konnten aufgrund ihrer Größe. Aber so verpassten sie nichts. Ich hatte ihre Tür extra so anfertigen lassen. Wie auch die geschwungenen großen Boxenfronten, die an ein edles Gestüt erinnerten.

Es war später Nachmittag und allmählich wurde es draußen duster. Also machten wir die Laternen-Lampen in der Stallgasse an, dass sie bei gemütlichem Licht erstmal alle in Ruhe ankommen konnten.

Meine Eltern waren auf dem Hof und hatten sich um die Hunde gekümmert. Sie standen als kleines „Empfangskomittee" bei jeder Anhängerfahrt, bei der wir mit weiteren Pferden ankamen, winkend an der Stalltür, um uns zu begrüßen, und zeigten dann jedem Pferd seine Box, in deren Trog sie zuvor noch frische Möhren gelegt hatten.

Als dann alle DAHEIM waren, gingen wir hoch in die kleine Dachgeschosswohnung, die unser kleines Zuhause im Zuhause war. Mama hatte einen Kuchen gebacken, und während wir uns müde und durchgefroren auf eine gemeinsame Tasse Kaffee freuten, brannte im Stall daneben warmes Licht, auf das wir vom Fenster aus schauen konnten.

Ich stand da, mit der Stirn an die Scheibe gelehnt und sah den Schatten der Pferde zu. Der Stall war kein leeres Gebäude mehr und erst recht kein hoffnungsvolles Wunschdenken. Er hatte nun einen Herzschlag und war mit Leben gefüllt. Mehr brauchte ich nicht, um glücklich zu sein. Egal wie anstrengend der Tag zuvor war. Egal wie anstrengend die Tage, Wochen und Monate, Jahre zuvor waren.

Ich brauchte am nächsten Morgen keinen Wecker. Und während der Rest der Welt noch schlief, ging ich im Schlafanzug die Treppen hinunter, zog meine Schlappen an, die vor der Haustür auf mich warteten, als wären sie niemals weg gewesen, und ging rüber zu den Pferden. Der Schnee hatte die Geräusche gedämpft und alles war so still draußen, als wäre die Zeit selbst eingefroren. Ich öffnete langsam die Stalltür und atmete die warme Luft ein, gefüllt von Pferdeatem und frischem Heu, die wie keine andere nach Zuhause roch.

„Guten Morgen meine Mäuse, Zeit fürs Frühstück!", flüsterte ich. Denn es war eigentlich noch viel zu früh.

Ein paar Ohren richteten sich neugierig auf, ein Pferd schnaubte leise, andere blinzelten mich nur schläfrig an. Kein Drängen, kein Laut – nur diese unvergleichliche Ruhe, die nur Pferde schenken können. Ich blieb stehen, atmete nochmal tief ein und ließ den Moment auf mich wirken. Da war nichts mehr von der Hektik der Bauzeit, nichts von der Kälte des gestrigen Tages, nichts vom Chaos des unfertigen Hofes oder meiner dunklen Vergangenheit, die mich so sehr belastet hatte. Und während ich inmitten dieser Stille stand, spürte ich, wie auch in mir etwas zur Ruhe kam. Der tobende Lärm der letzten Monate, die Zweifel, das Heimweh, die Müdigkeit – alles löste sich ganz langsam auf. Und es kehrte etwas zurück, das ich lange vermisst hatte: Frieden in meinem eigenen Herzen. Hier, zwischen unseren Pferden, fand ich ihn wieder.

Als ich mich umdrehte, stand Björn in der Stalltür mit zerzausten Haaren und zwei dampfenden Bechern Kaffee. Er lehnte im Rahmen, lächelte müde und glücklich zugleich, und für einen Augenblick wirkte er wie mein wahr gewordener Beweis dafür, dass wir angekommen waren. Er war die Liebe meines Lebens. Es hatte sich gelohnt, für ihn alles, was übrig war, auf eine einzige Karte zu setzen.

Langsam schienen die ersten Sonnenstrahlen des Tages durch die Fenster und alles fügte sich zu einem Bild, das sich unauslöschlich in mein Herz brannte. Wir sahen uns an, wortlos, und doch war alles gesagt: Wir hatten es geschafft. Den größten Meilenstein. Der Hof gehörte uns – nicht nur auf dem Papier, sondern in der Wirklichkeit, mit Leben und mit Seele. Nach und nach sollte er immer mehr unsere Handschrift tragen.

Nach unserer kleinen Dachgeschosswohnung, die wir zuerst fertig gestellt hatten und bewohnten, wurde auch unser Haus fertig. Und so wurden die alten, beigen Bäder mit den Fliesen aus den 70ern, die alte, kleine Küche, die in beiden Geschossen vorhanden war, da es zuvor ja getrennte Wohneinheiten gewesen waren, die Wände der beengten kleinen Räume und das komplette kalte Treppenhaus mit den abgeschlagenen Fliesen, dem Gitterhandlauf und dem kalten Flair durch unsere Vision von einem modernen Alpine Living-Stil ersetzt. Gemütlicher Holzboden, moderne schwarze Armaturen und eine freistehende Badewanne, eine Küche mit Tresen, Industrial Style-Stühle getoppt mit warmen, einladenden Fellen und einem Holzofen, der Gemütlichkeit am Feuer in der kalten Jahreszeit schenkt. Wir haben Altes erhalten, wie zum Beispiel unsere Sprossenfenster, und es mit Neuem kombiniert. Und uns ein extra großes, tiefes, kuscheliges Sofa geleistet, auf dem wir abends alle gemeinsam Platz vorm Ofen finden.

Wir sind ein paar mehr geworden in der Zwischenzeit. Denn natürlich durften auf einem Hof voller Heu, Getreide und Pferde ein paar Mäusefänger nicht fehlen. Wir nahmen zwei Katzenkinder auf. Und ein drittes brachte uns spontan dann auch noch unser Heubauer zusammen mit der Heulieferung vorbei. Die Mama des sechs Wochen alten Kätzchens hatte ihre Jungen verstoßen und bis auf dieses eine, eine kleine, weibliche, weiße Katze mit braun/schwarzem Schwanz und einem braun/schwarzen Punkt auf dem Kopf, hatte keines überlebt.

Er hatte keine Zeit, sich darum zu kümmern, und noch weniger Lust darauf, und als er es uns entgegenstreckte, dieses kleine Häufchen Elend, viel zu früh alleine gelassen, und uns fragte, ob wir es nehmen würden, konnten wir natürlich nicht anders als von Herzen „JA“ zu sagen. „Millie“ hat es geschafft, und obwohl Björn anfangs meinte, er sei nicht so der „Katzen-Typ“ und sie dürften alle auf den Hof kommen, aber nicht ins Haus – wir hatten ja die „Pferdewohnung“ im Souterrain, in deren Haustür er ihnen eine Katzenklappe baute, damit sie jederzeit Zugang zu einem sicheren, geschützten Bereich am Hof hatten –, ist sie heute, neben Susi, dem taffen dreifarbigen Katzenmädchen, seine beste Freundin. Und natürlich wohnt sie, genau wie die anderen Katzen, inzwischen bei uns im Haus. Es hat ungefähr vier Wochen gedauert, bis sie sich so tief in sein Herz schlichen, dass Björn abends, wenn er nach Hause kommt, alle sicher für die Nacht ins Haus bringt, um mit ihnen auf dem Sofa zu kuscheln.

Der erste Sommer auf unserem Hof war unendlich schön, er fühlte sich an wie das Aufatmen nach einem langen, tiefen Tauchgang. Die Pferde galoppierten über die riesige Koppel, ihre Mähnen flogen im Wind, Apple galoppierte voraus, dann fetzten die Wallache hinterher und mit etwas Abstand aber doch im Sauseschritt die zwei kleinen Ponybären, denen so viel Bewegung inmitten ihrer Herde Großpferde, mit denen sie Schritt halten wollten, einfach nur unendlich guttat und sie wieder gesund machte.

Das war ein großes Geschenk für mich, nachdem meine kleine Sissifee, bevor ich sie damals auf meiner Ranch endgültig auflud und für immer mitgenommen hatte, noch fast an einer bösen Kolik gestorben wäre, die den Tierarzt an Grenzen gebracht hatte. Stundenlang kämpften wir umgeben von Eis und Schnee um ihr Leben. Und später, in der Anlage der Cowboys, ging es der älteren Honeybunny dann sehr schlecht. Nun, wo wir all diesen alten Ballast endlich hinter uns lassen konnten, konnte ich mich nicht sattsehen an diesem Bild im warmen Sonnenlicht. Endlich hatten die Pferde Platz, Freiheit, Weite und ihren Seelenfrieden. So, wie ich es mir immer gewunscht hatte.

Die Obstbäume, die sich über das Land verteilten, bogen sich fast unter der Fülle ihrer Früchte. Kirschen, Äpfel, Birnen, Mirabellen, Zwetschgen – und im Herbst die schweren Walnüsse. Es war, als wolle die Natur selbst uns nochmal willkommen heißen, indem sie uns reich beschenkte. Zusammen mit Björn und dem Traktor, den wir uns zwischenzeitlich gekauft hatten – einen 40 Jahre alten John Deere, unserem „Johnny“ – ernteten wir die Kirschen und Björn fuhr mich mit vollen Eimern vorne in der Schaufel sitzend zurück zum Hof, wo ich sie mit meiner Mama verarbeitete. In der Küche brodelten bald Töpfe voller Marmelade und süßer Duft erfüllte die Räume.

Jedes Glas wurde für mich ein Stück Erinnerung an diesen ersten Sommer und den Geschmack von Heimat, eingekocht in Zucker. Mama nahm das restliche Obst meist mit nach Hause, das wir nicht verwerten konnten, und beim nächsten Besuch, wenn sie und Papa wieder auf den Hof kamen, um uns mit den noch offenen Projekten auch weiterhin tatkräftig zu unterstützen, hatte sie einen Apfelkuchen oder einen Zwetschgendatschi für uns mit dabei.

Parallel dazu legten wir, improvisiert und mit viel Eigenleistung, den Allwetterplatz an – eigentlich nur als Auslauf für die Pferde gedacht, aber wir nutzten ihn im Herbst und später auch im Winter und Frühling als Übergangslösung zum Reiten. Das war ein wichtiger Punkt auf der To-do-Liste für den Herbst und den anstehenden Winter.

Und trotz all der Mühe und Kosten, die wir in ihn investierten, damit die Pferde auch nach Ende der Koppelzeit täglich genug Auslauf bekommen würden, war er am Ende improvisiert. Nicht für Perfektion, sondern für den Alltag, der erstmal auch in der für Selbstversorger eher unschönen Zeit des Jahres weiter funktionieren musste. Als Auslauf für die Pferde, als Übergangslösung zum Reiten.

Auch wenn sich den Sommer über vieles leicht und endlos schön anfühlte, war unser Hof noch lange keine Idylle ohne Arbeit – sondern ein Hof voller Aufgaben. Zwischenzeitlich aber hat unser Hof einen Namen bekommen, bei dem wir ihn zukünftig nennen wollen.

Wer heute den Weg zu uns findet, tritt zuerst durch ein weißes Ranchtor, das nach vielen Skizzen und Plänen auf Papier und anschließender Handarbeit heute geliebte Wirklichkeit und Zufahrt in unsere kleine Welt ist.

Links und rechts davon haben wir Bäume gepflanzt, Buchen, den Schutzpatron-Baum für Mensch und Tier, deren Kronen sich zu Herzen formen. Diese ganz besonderen Bäume gaben unserem Hof seinen Namen: Herzl Hof. Und sie sind mehr als nur Schmuck oder ausgefallene, teure Deko. Sie stehen wie Wächter am Eingang und erzählen jedem, der eintritt, worum es hier geht: um Liebe. Liebe zu den Tieren, die hier leben. Liebe zu dem Leben, das wir uns aufgebaut haben. Liebe zu dem Traum, der uns beide trägt.

Wer zwischen den Bäumen hindurchfährt, folgt dem Weg auf einen Hof, der nicht nur durch Prunk bestiecht, sondern durch Wärme. Jeder Zaun, jede Wiese, jede Mauer ist durchdrungen von dem Gedanken, dass Tiere hier nicht einfach sein sollen, sondern zuhause sind. So wurde aus einem Grundstück mit alten Gebäuden ein Ort mit Seele. Und der Name erinnert uns jeden Tag daran, wofür unser Herz schlägt.

Aber nun zurück zum ersten Jahr auf unserem Herzl Hof. Der Sommer hatte uns verwöhnt. Sonne, Obst, Pferde auf weiten Koppeln, Quality Time im Sattel, weil die Tage lang genug waren, um neben der Arbeit auch Zeit für ein bisschen Vergnügen zu finden. Abende auf der Terrasse mit Bergblick, die nach frisch gemähtem Heu, Marmelade und Kuchen rochen. Doch kaum war das Laub gefallen und all die Walnüsse aufgesammelt und zum Trocknen gelegt, zeigte uns der Hof seine andere Seite – die raue, kalte und dunkle mit langen Tagen voller Arbeit.

Wir ritten draußen, egal wie kalt der Wind blies. Nicht auf einem ordentlichen Reitplatz, nicht in einer Halle, die Schutz vorm Wetter bot – sondern auf unserem befestigten Auslauf, den wir mit Hackschnitzeln aufgefüllt hatten. Mal war er matschig, mal hartgefroren, mal viel zu tief, mal spiegelglatt und während er mehr an eine Eislaufbahn erinnerte als an ein Dressurviereck, ließ er uns auch manchmal fast verzweifeln – aber er trug uns durch die kalte Zeit und machte Björn ein gutes Stück sattelfester, als er es noch zu seinen Anfängen war. Während für mich die Sache deutlich weniger spaßig war, lachte er mit roten Wangen und steifen Fingern mit seinem trittfesten, coolen Quarter Horse Rusty, der tatsächlich sein bester pferdiger Freund geworden war, über die Unebenheiten hinweg, als wären sie Abenteuer, keine Hindernisse.

Der Frost hatte um das Land eine harte Schale gelegt, und nachdem ich mich draußen meist tagein tagaus im Hellen und Dunklen alleine durch Berge gefrorener Pferdeäpfel kämpfte, saßen wir abends, wenn Björn nach Hause kam, der weiterhin von Berufs wegen unermüdlich in die bayerische Hauptstadt pendelte, drinnen über Anträgen, Genehmigungen und Bauplänen. Es war die Zeit der Vorbereitung, die Keimzeit für den nächsten großen Schritt: den Bau unseres Reitplatzes im Frühling, der mit einem Abriss eines alten Hauses verbunden war, das als weitere Immobilie für uns, die von Grund auf hätte kernsaniert werden müssen, am Ende mehr Fluch als Segen war. Und so trugen uns der Sommer mit seiner Fülle und der Winter mit seiner Härte gleichermaßen weiter voran in die Zukunft.

An einem Samstag im Januar, an dem das Wetter uns gnädig war, war ich früh draußen, um die Pferde zu füttern, und außerdem wollten Björn und ich ein paar Sonnenstrahlen erhaschen und gleich gemeinsam reiten gehen.

Doch er ließ auf sich warten, und so nutzte ich die Zeit, um mich bei der Stallarbeit zu filmen und alles für eine der alltäglichen Instagram Stories vom Herzl Hof vorzubereiten.

Ich stand gerade bei der Ponybären-Bande draußen auf dem Paddock, das in den Innenhof zeigte, als sich die Haustür gegenüber öffnete. Heraus trippelten meine drei Seelenhunde, meine Chihuahuas – James, Emma und Lotti. Sie waren meine ständigen Begleiter und, wenn man so will, meine „Lebensversicherung". Nicht, weil sie etwa materiell gesehen ein großes Vermögen widerspiegelten. Nein. Sondern weil sie mein Leben so lange und treu begleiteten, dass ich mir mein Leben ohne sie nie mehr vorstellen möchte.

Der kleine, schüchterne James kam zielgerichtet auf mich zu. Alleine ging er vorne weg, als hätte er all seinen Mut zusammengetragen, um einen großen Plan in die Tat umzusetzen. Und nach den ersten Metern sah ich, dass er um seinen Hals eine große, rote Schleife trug, an der befestigt ein Zettel hing, der aussah wie ein Etikett. Wenn er den Kopf nach unten nahm, verhaspelte er sich darin. Aber er wusste, dass, wenn er ihn stolz nach oben richtete und seinen Blick nach vorne, zu mir, er damit am Ziel ankommen würde. Also nahm er all seinen Mut zusammen und zog dieses Vorhaben unerschütterlich durch.

Ich bückte mich, band die Nachricht ab und las: Er wolle – als Chefhofhund und im Namen aller Tiere des Herzl Hofes – fragen, ob ich Björn heiraten würde. Mein Herz stolperte. Ich blickte auf, und da trat Björn aus der Haustür. An seiner Seite Emma und Lotti, die beiden Wichtel aufgeregt schwänzelnd und springend, mit glänzenden Augen, als wüssten sie genau, was gerade geschah.

Und dann ging er auf die Knie und hielt mir einen Ring entgegen – keinen von der Stange, keinen, den sie „alle" trugen. Und auch ich schon einmal vor langer Zeit. Sondern einen, der funkelte wie unser gemeinsames Leben hier in diesem Moment unter der herrlichen Wintersonne: einen Blautopas, so klar und blau wie der Himmel über uns. Ein Stein, der unsere Geschichte erzählte. Unser gemeinsames Ranchleben, unsere „Cowboy"-Mentalität – eingefasst in ein Versprechen für die Ewigkeit. Und mitten zwischen unseren Pferden, Heu, den Hunden und der Wintersonne fragte er – und ich sagte JA.

Damals, bei unserer allerersten Besichtigung des verkommenen Hofes bei grauem Novemberwetter, hatte ich es sofort gespürt: Eines Tages wird dies der Ort sein, an dem alles zusammenkommt. Ich sah es vor mir, klar, wie ein inneres Bild – und doch behielt ich es für mich. Diese Hoffnung war zu zart, zu kostbar, um sie laut auszusprechen. Also trug ich sie still in meinem Herzen, wie ein Geheimnis, das damals nur die Mauern des alten Stadls kannten, in dem wir standen. Und heute stand ich hier, auf dem Herzl Hof, und mein letzter großer Wunsch sollte wahr werden. Mit dem Ring am Finger und einem Lächeln, das mit den kleinen, weißen Diamanten, die den blauen Topas umgaben, um die Wette funkelte, nahm ich ihn an der Hand und führte ihn über den Hof, hinter zum alten Stadl.

Wir standen dort, zwischen alten Brettern, Gerümpel, Staub und Spinnweben mit einem Glas Champagner in der Hand. Nicht sehr hübsch und bisher nicht sehr festlich – und doch genau der Ort, den ich mir immer erträumt hatte. Ich erzählte ihm von meiner Vision, von dem Bild, das mich damals begleitet hatte: dieser Stadl, ausgeräumt, grundgereinigt und geschmückt, ein Ort für unsere Country-Hochzeit mit ganz vielen Kerzen und Lichtern, mitten in unserem Zuhause, mit unseren Tieren ganz nah. Er sah mich an, und in seinen Augen lag kein Zweifel. Nur dieses stille Leuchten, das sagte: Ja, wir machen das!

Und so schmiedeten wir dort unseren großen Plan. Schon im Frühling und Sommer wollten wir alles verwandeln, das angrenzende alte Haus abreißen, den Reitplatz bauen, eingesäumt in weiße Zäune, damit wir im Herbst – meiner Lieblingsjahreszeit – genau hier heiraten konnten.

Außerhalb des Pferdestalls und unseres Hauses war der Hof noch eine einzige Baustelle. Aber in diesem Moment war die Zukunft klarer als jede Gegenwart. Es war der Anfang von unserem schönsten Kapitel. Wir hatten einen ganz klaren Plan und bereits im März rückten die Bagger und das Abrissunternehmen an

Bisher hatten wir alles in Eigenregie (um)gebaut, aber für den Abriss des Hauses und die Basis des Reitplatzes wollten und brauchten wir professionelle Unterstützung. Beziehungsweise leisteten sie uns, weil wir zwar vieles konnten. Aber das tatsächlich nicht. Das alte Haus musste weg und in diesem Zuge „geschreddert“ werden, um mit den Ziegeln eine großartige Basis als Untergrund für den Reitplatz zu schaffen. Aber: Das Haus grenzte unmittelbar an den alten Stadl – und der sollte unversehrt bestehen bleiben. Und trotz Baufirma war es ein Kraftakt. Die Gabionen zur Befestigung des Hangs, das Verputzen der offenen Seite des abgeschnittenen Stadls, das alles war unsere Aufgabe geblieben und wir packten alle mit unseren letzten Kräften tagein tagaus mit an.

Als der Reitplatz endlich stand, ging es an die Außenanlagen des Hofes. Ein Lavendelbeet legte ich selbst an, das die Einfahrt in wunderschöne lilafarbene Blüten hüllen sollte, deren zweideutige Farbgebung zwischen Blau und Rot man nicht hinterfragte, sondern deren Pracht man in kräftigem Lila einfach nur genießen durfte. Der Hof wurde befestigt und die Zäune gestrichen. Der Garten aufgehübscht. Mit jedem Handgriff wurde es fertiger, schöner. Unser Zuhause und die Location für unsere Traumhochzeit.

Was sich hier einfach schreibt und liest, war in der Realität ein Kraftakt. Am 1. April glich der Hof einer Großbaustelle, am 2. September sollte er eine Traumhochzeit beherbergen. Wir liefen auf Hochtouren.

KAPITEL 14

WENN AUCH EIN ALTES HERZ ENDLICH ANKOMMEN DARF

Und doch war Platz für eine kleine Geste inmitten des Trubels und der Trauer. Wir verloren nämlich unsere dritte Katze, Maja, genannt „Horsti", weil sie so keck und unaufhaltbar war, an die Straße neben dem Herzl Hof. Sie fand ihren Frieden unter dem großen Kirschenbaum, in dessen Ästen ein Herz aus Holz immer an sie erinnern wird.

Ich hatte damals einen neuen Instagram Kooperationspartner. Einen Hunde- und Katzenfutter-Hersteller. Und wir machten es möglich, eine etwas größere Futterspende an das örtliche Tierheim zu organisieren.

Also habe ich Björn gefragt, ob er am nächsten Wochenende Zeit hätte, mitzukommen und mir zu helfen (der Kofferraum unseres großen SUVs war rappelvoll mit Futter für die armen Seelchen dort).

„Zeit habe ich nicht. Aber ich nehme sie mir. Das ist eine gute Tat, da komme ich sehr gerne mit.", sagte er. Und dann tat er etwas, das er mir anfangs gar nicht gleich erzählt hatte.

Er ging auf die Internetseite des Tierheims und schaute sich die Hunde an, die im Tierheim auf ein neues Zuhause hofften. Einer von ihnen ließ ihn nicht mehr los. Weil es ihm im Herzen wehtat zu lesen, was zu der Hunde-Oma geschrieben stand.

Sie war alt und krank ins Tierheim gegeben worden „wegen eines Umzugs".

Mit anderen Worten: wegen der Kosten für einen alten, kranken Hund und der damit verbundenen Verantwortung, die man jetzt nicht mehr übernehmen konnte oder wollte. Und ja, ich weiß das sicher, wir haben nämlich recherchiert. Aber das sollte nicht das Thema sein. Mich wundert nach all den Jahren gar nichts mehr, was die Herzlosigkeit der Menschen betrifft, dort, wo Menschlichkeit gefragt wäre. Seit einem halben Jahr saß sie nun dort ihre letzten Tage ab und hatte nicht eine einzige Anfrage. Sie war kein kleiner, handlicher Hund, der in jedem Körbchen unkompliziert seinen Platz hätte finden können. Sondern eine große, 45kg schwere, 10 Jahre alte Berner Sennenhündin, die laut Statistik eigentlich schon zwei bis vier Jahre hätte tot sein müssen. „Aika" blickte durch den Bildschirm mit ihren treuen Kulleraugen bis ganz in sein Herz. Genau so einen Hund hatte er sich immer gewünscht. Nur hatte er nie die Möglichkeiten dazu gehabt. Und so prasselte es am Abend, bevor wir die Futterspende ins Tierheim brachten, plötzlich aus ihm heraus.

Wir lagen schon im Bett, als er sein Handy vom Nachttischkästchen nahm, um mir „etwas" bzw. „jemanden" zu zeigen.

„Meinst du, wenn sie noch dort ist, können wir vielleicht mal „Hallo" sagen und sie auf eine kleine Runde ausführen?"

Puh. Ich war der Chihuahua- und Katzentyp. Und zwischen Großbaustelle und Hochzeitsvorbereitungen hatte ich an vieles gedacht. Aber nicht daran, vielleicht spontan einen Berner Sennenhund aufzunehmen. Aber seine Augen leuchteten und dieses Funkeln, das ich in ihnen sah, kam ganz tief aus seinem guten Herzen, für das ich ihn so sehr liebe.

„Vielleicht ist sie ja längst vergeben und nur die Homepage nicht aktuell."

„Vielleicht aber auch nicht."

„Wenn nicht, dann schenken wir ihr eine schöne kleine Auszeit vom Tierheim-Alltag mit einer Hunderunde und lernen sie kennen."

Wir trugen die Futtersäcke rein, unterhielten uns mit den Mitarbeitern, die sich sehr herzlich bedankten. Und dann fragten wir nach der alten Berner Sennenhündin.

„Unsere Aika? Sie wartet schon so lange", sagte die Tierheimmitarbeiterin leise und traurig. „Ich hole sie sehr gerne."

Und dann kam sie auch schon: eine große, kräftige Berner Sennenhündin, die ihre Statur mit einer fast demütigen Zurückhaltung trug. So bullig und imposant sie mit dem langen, etwas ungepflegt wirkenden Fell auf dem etwas übergewichtigen Körper wirkte, so vorsichtig setzte sie einen Schritt vor den anderen, als wolle sie niemandem zur Last fallen. Sie war freundlich – man sah es an ihrem sanften Blick, an dem leisen Schwanzwedeln, das sie kaum zu tun wagte. Aber man spürte auch deutlich: Da war eine Müdigkeit. Diese Hündin hatte nach über einem halben Jahr im Tierheim, ohne eine einzige Anfrage, wohl längst aufgehört zu glauben, dass noch jemand käme, um sie wirklich zu wollen. Außerdem verstand sie ohnehin nicht, wo sie überhaupt war und warum sie nach über 10 Jahren ihr Zuhause verlassen musste und ihre Menschen aus ihrem Leben gegangen waren, ohne sich umzudrehen. Sie sah uns an, kurz und zögerlich, als hätte sie gelernt, dass Hoffnung schmerzhaft sein kann. Doch in diesem Blick lag eine Tiefe, die uns traf – sanft, vorsichtig, voller stiller Liebe. Björn streckte die Hand aus, und sie schnupperte vorsichtig, ohne sich aufzudrängen. Keine Sprünge, kein Drängen – nur diese leise Bitte, wieder gesehen zu werden. Ein sanfter Riese, der einfach nur dazugehören wollte.

Gemeinsam drehten wir eine kleine Runde, und als wir kurz Pause machten, um uns besser kennenzulernen, gab sie Björn die Pfote als wolle sie sagen: „Lass uns Freunde sein und den restlichen Weg gemeinsam gehen." Und er schlug ein und lachte sie an, bevor er den Blick gemeinsam mit ihr auf mich richtete. In diesem Moment wusste ich, dass wir zwar heute nochmal ohne sie nach Hause fahren würden. Aber nur, um alles abzuklären und dann wiederzukommen.

Mitten in all dem Chaos, das wir gerade bewältigten, stand plötzlich dieses Lebewesen vor uns, das so dringend ein liebevolles Zuhause brauchte, das ihr gefühlt niemand schenken wollte. Es hätte ehrlich keinen schlechteren Zeitpunkt gegeben, um sich für ein neues Familienmitglied zu entscheiden. Aber … ihre Zeit lief. Mit stolzen 10 Jahren war sie eine sehr alte Dame und jeder Tag, an dem sie wartete und vergeblich hoffte, war wieder einer weniger. Wir sahen in ihr graues Gesicht und ihre sanften Augen, während uns ihre Seele, die viel gesehen hatte, leise um Liebe bat. Es war, als hätte uns das Leben in all dem Stress kurz innehalten lassen, um uns daran zu erinnern, worum es wirklich ging: um Herz. Um Liebe. Um Zuhause.

Also sagten wir „Ja".

Bis sie endlich umziehen durfte, mussten wir einen langen Aufnahmeprozess durchlaufen, der teils nachvollziehbar und teils aber sehr mühsam war, wenn man bedenkt, dass es außer uns ja niemanden gab, der bereit war, sämtliche Verantwortung und Kosten für diese doch sehr alte Seele zu übernehmen, und unsere Voraussetzungen mit dem Hof für einen Berner einfach ideal waren. Aber wir durchliefen ihn, immer mit dem Ziel vor Augen, es für sie zu tun. Auch wenn wir nicht wussten, wie lange sie uns noch begleiten können würde – sie zumindest aufzunehmen und ihr einen schönen, anstehenden Sommer zu schenken – in einem behüteten Zuhause.

Und irgendwann war sie da – der alte Berner, unsere Aiki, die uns fortan als wahrer Freund zuverlässig durch jede Baustelle begleitete.

Was uns für immer im Gedächtnis bleibt, ist, wie sehr sie sich über ihr eigenes großes „Körbchen" freute. Ein weich gepolstertes orthopädisches Hundebett in XXL, das ihr Björn, zusammen mit ein paar Spielsachen und großen Näpfen auf dem Heimweg vom Tierheim zum Herzl Hof noch gekauft hatte. Als sie es sah, blieb sie stehen und beschnupperte es erst ganz zögerlich. Wir hatten das Gefühl, dass sie so etwas nicht kannte. Ganz langsam trat sie darauf, als wir es ihr zeigten, und saß zuerst nur darauf. Aber irgendwann fing sie an, sich vor Freude wie wild darauf zu rollen, bevor sie sich einrollte und mit einem tiefen Seufzer einschlief. Einer von denen, die nicht nur Müdigkeit symbolisieren. Sondern ein erleichtertes: „Ich darf endlich ZUHAUSE sein und ankommen. Ich habe lange genug gewartet. Ich habe es geschafft."

Schon in den ersten Stunden fand sie Freunde in ihren neuen Weggefährten. Lotti, unsere kleine Chihuahua-Dame, die sich sonst Fremden gegenüber gerne als bissige Chefin aufspielte, war die Erste, die neugierig herantapste. Winzig klein neben dem großen Berner, aber voller Neugierde. Und ganz selbstverständlich wich die große Aiki sofort einen Schritt zurück, als wollte sie höflich Platz machen. Und dann – ganz zart – stupste sie Lotti an. Von diesem Moment an waren sie ein ungleiches, aber sehr inniges Duo. Ziemlich beste Freunde. Weil ihr wisst ja …

„Best Friends come in all shapes and sizes."

Auch Emil, unser Kater, den wir aufnahmen, nachdem leider ein Platz auf dem Sofa frei wurde, ließ nicht lange auf sich warten. Er strich anfangs mit typischer Katzenarroganz an der neuen Mitbewohnerin vorbei, als wolle er sagen: „Das hier ist mein Hof – aber du darfst bleiben." Sie reagierte nicht mit einem Laut, sondern legte nur vorsichtig den Kopf schräg und ließ ihn gewähren. Ab da war auch Emil ihr Freund. Und zwar ihr allerbester. Oft fand ich sie später nebeneinander in der Sonne oder auf ihrem großen Hundebett liegen und wenn Emil von seinen Streifzügen nach Hause kam, ging er immer zielgerichtet zu Aiki, um ihr mit seinem kleinen Kopf an ihre große Schnauze zu stupsen, als wolle er sagen: „Hallo große Dame, ich bin wieder daheim. Wie geht es deinen alten Knochen heute? Ich leg' mich mal ein Weilchen zu dir und wir genießen das Leben!" Ein Bild, das uns immer lächeln ließ.

Der Frühling lag immer deutlicher in der Luft, und wo zu Beginn noch Schuttberge und offene Gräben lagen, eingesäumt von abgerissenen Häusern und großen Maschinen, wuchsen plötzlich weiße Zäune, wurden Wege geebnet, Flächen begrünt. Wir setzten Gabionen, weihten den 20x40 Meter großen Reitplatz ein, der sich wie gemalt plötzlich vor unserem Fenster erstreckte, wo einst nur Schutt und Dreck war, pflanzten, räumten, strichen. Jeder Tag, den wir mit schmutzigen Händen, verschwitzten Klamotten und zerzausten Haaren beendeten, brachte ein kleines und doch sichtbares Wunder, und manchmal hielten wir kurz inne, nur um zu staunen: Das hier entsteht wirklich.

Mit dem Sommer kehrte ein neues Lebensgefühl ein. Die Pferde grasten in der Herde entspannt auf ihrer großen Weide, der wirklich perfekt gebaute Reitplatz glänzte im Sonnenlicht, und zwischen weißen Zäunen und blühenden Obstbäumen begann der Herzl Hof seinen wahren Charakter zu zeigen: kein chaotischer Rohbau mehr, kein verkommener Resthof – sondern ein Hof voller Zukunft. Wir waren erschöpft von der Arbeit, ja – aber auch erfüllt von großem Stolz.

Und während die Tage lang und warm waren, wuchs unser vorerst letzter großer Plan. Der Stadl, den ich schon bei der ersten Besichtigung in meinem Herzen als besonderen Ort gesehen hatte, hatte lange keine Priorität. Aber nun war er an der Reihe und so verwandelte auch er sich Stück für Stück. Alte Balken wurden überprüft, Staub und Spinnweben vertrieben, uraltes Gerümpel hinausgetragen. Die verkommene, kalte Tristesse wich mit jedem Handgriff, als wir eines Samstags ein Großprojekt aus ihm machten – und stattdessen hielten Schönheit und Magie Einzug.

Als wir den letzten Berg Unrat beseitigt hatten und Besen und Kärcher wegstellten, um sie durch Lichterketten und weiße, lange Vorhänge zu ersetzen … kullerten ein paar Freudentränchen. Es fühlte sich an wie der letzte Schritt nach einer langen Reise.

KAPITEL 15

FÜR IMMER - EIN VERSPRECHEN UNTER LICHTERKETTEN

Es war einer dieser märchenhaften Sonnenaufgänge in den Bergen hinterm Haus, die die Welt in warmes Zauberlicht tunken und den Himmel in hunderten Tönen von Rosa erstrahlen lassen. Es war der Septembermorgen unseres Hochzeitstages und er begann ganz still. Draußen war alles ganz friedlich und in Nebel gehüllt.

Ausnahmsweise hatte ich mir Hilfe von außerhalb geholt, ein junges Mädchen, das sich noch vor dem ersten Sonnenstrahl ganz zuverlässig und aufopfernd um die Pferde kümmerte. Ich hätte aufwachen und mich als Braut einfach nur mal um mich kümmern können. Das war eigentlich der Plan dahinter. Aber das konnte ich nicht. Also schlüpfte ich im Schlafanzug in meine Schlappen vor der Haustür und streifte eine Runde um den Hof.

Regina stand bei den Ponys, die im Morgengrauen ihr Heu mümmelten, während ihre Mähnen in weiche Tüllbänder in Weiß und zartem Lila geflochten wurden. Ich streichelte kurz über ihre Nasen und mein Herz füllte sich mit einem ganz warmen Gefühl.

Damals in der Eiseskälte, als ich mit Gummistiefeln durch den Matsch zu ihnen watete, um ihnen Heu und Wasser zu bringen, als alles anders lief, als erwartet. Als ich monatlich viel Geld bezahlen musste und dabei nur eines bekam: viele Sorgen. Als alles schlecht war und trist und traurig und Honeybunny krank wurde, sodass ich sie als Shetty in eine dicke Decke hüllen musste … habe ich den beiden versprochen:

„Nicht mehr lange, dann gehen wir nach Hause."

Und dafür habe ich gekämpft wie eine Löwin. Und heute standen sie da. Aufgehübscht in Tüll. Mit großen, schwarzen, glücklichen Kulleraugen, die gespannt in den Innenhof ihres Für-immer-Zuhauses schauten, der sich an diesem Tag in eine Märchenlocation verwandelt hatte.

„Wir haben es geschafft, Mäuse!" Ich streifte gerührt durch ihr weiches Fell und drehte weiter meine Runde.

Neben dem alten Stadl führte ein weißer Teppich über die Koppel hinter zum alten Walnussbaum, der eine Schaukel in seinen großen Ästen hängen hatte, deren lange Seile sich friedlich im leichten Wind hin und her neigten. Sie waren mit lilafarbenen Blumen umwickelt und weißen Stoffen. Die Tür vom alten Stadl war offen und die fünf Meter langen, weißen Vorhänge luden nach drinnen ein – doch ein dünnes Absperrseil ließ nur von außen einen Blick auf die perfekt eingedeckte, große Tafel erhaschen. Feines Geschirr und viele Kerzen, gehalten von goldenen Steigbügeln, bildeten einen feinen Kontrast zu den großen Holztischen und bunt gewürfelten, alten Stühlen.

Lavendel ließ alles ganz angenehm riechen und am Himmel leuchtete ein Meer voller Sterne. Also weiße, kleine Kugeln an endlosen Lichterketten. Am Abend würden wir hier ein Menü genießen und in die Nacht tanzen. Neben dem großen, runden Holztor des Stadls war ein kleines, rundes Holztor. Es führte in einen separaten Raum. Die Garage für unser Quad und den Reitbahnplaner. Doch am Tag zuvor hatte der Caterer ihn in eine Sterne-Küche verwandelt. Kurz hielt ich die Luft an.

„Es ist unfassbar, was man erreichen kann, wenn man nur wirklich will."

Im Hof standen die weißen Zelte mit weißen Tischen bereit für Kaffee und die Hochzeitstorte. Unter den Obstbäumen wehten weiße Korbtaschen neben großen Holzkisten voller Obst. Sie hielten ein kleines Schild: „mit Liebe vom Herzl Hof!", denn jeder Gast sollte sich als kleines Geschenk von uns ein bisschen Obst mit nach Hause nehmen nach der Feier.

Ein kleiner Windstoß ließ den Nebel langsam weichen und die Sonne über die Berge blinzeln. Die weißen Bänder in den Obstbäumen fingen an zu wehen, während der Lavendel in kräftigem Lila die Einfahrt entlang den Weg zur Feier wies. Es war perfekt. Nur den 20 Meter langen, weißen Teppich rollte ich noch eben aus. Das wollte ich abends nicht machen, damit er bis zum Morgen keine Spuren trug. Bevor ich ihn ausrollte, kam das Catering Team an. Sie fingen sofort an, die letzten Handgriffe zu tätigen, und schickten mich ins Haus.

„Wir machen das. Du hast genug gemacht. Atme, mach dich fertig und genieße den Tag, du Braut!"

Und als ich aus dem Augenwinkel sah, wie sie die Zelte eindeckten und Lavendel Spritz in Perfektion mit je einem Stiel Lavendel pro Drink vorbereiteten und ihn millimetergenau auf der Bar anrichteten, wusste ich, dass sie mich nach unseren Vorbereitungsgesprächen gut durchblickt hatten und sie definitiv die richtige Entscheidung waren. Es war Zeit, loszulassen und mich fertig zu machen.

Ich fuhr dafür nicht weg, sondern machte mich mit meiner Mama und meiner Schwester unten im Haus fertig, während die Männer im den Obergeschossen waren. Die Hunde wuselten um uns herum, und als ich mein Kleid etwas hochzog, um meine Schuhe anzuziehen, führte Emma einen kleinen, aufgeregten Freudentanz um mich auf, während Lotti die Riemchen ableckte und versuchte, sie im Mund festzuhalten, und James mit großen Augen vor mir saß und mich einfach nur ansah, als wäre er sehr stolz auf mich. Aiki lag schlafend daneben, Trubel konnte sie nicht aus der Ruhe bringen.

Papa und Björn kamen die Treppe herunter und Björns blauer Anzug hielt in der Westentasche ein lilafarbenes Einstecktuch. Wir legten den Hunden ihre Blumenhalsbänder um und fuhren im kleinsten, wichtigsten Familienkreis zum Standesamt. Natürlich waren auch Björns Eltern und Oma Hilde dabei. Der Bürgermeister, auf den wir sehr große Stücke hielten, traute uns, und wir stießen mit einem Glas Sekt an, bevor es zurück auf den Hof ging. Es war alles ganz wunderschön, aber auch so gehalten, dass wir den Tag tatsächlich genießen konnten und nicht nur eine „Hochzeitsshow" für andere lieferten, wie das leider einfach oft bei Hochzeiten der Fall ist. In diesem Punkt hatten wir aus unserer Erfahrung schon lernen dürfen.

Als wir zurück auf den Hof kamen, waren alle Gäste angekommen und es war ein geselliges Treiben. Wir parkten den alten Porsche vorne in der Einfahrt und gingen Hand in Hand, als Mr. & Mrs. „H" über den weißen Teppich unseren jubelnden Gästen entgegen, die da in UNSEREM Hof zusammen mit all unseren Tieren feierten und lachten. Und aus den Lautsprechern der Musiker ertönte dieses Lied, das so viel Bedeutung in sich trug:

„Waun hosd des letzte Moi so richtig glocht?
Waun hod des letzte Moi di wos überrascht?
Waun hosd des letzte Moi an Fehler gmocht?
Wia worsn s'letzte Moi de Augn aufgmocht?
I wü dei Herz laut klopfn hern
I wü dei Herzklopfen hern
Waun worst des letzte Moi aum End da Wöd?
Waun hod des letzte Moi dei Meinung zöd?
Waun hosd des letzte Moi a Gschicht dazöd?
Waun worst des letzte Moi a Hôd?
I wu dei Herz laut klopfn hern
I wü dei Herzklopfen hern
Waun hosd des letzte Moi im Regn taunzt?
Waun hosd des letzte Moi an Bam aunpflaunzt?
Waun wor des letzte Moi dei Traum des Zü?
Waun wors des letzte Moi um di gaunz stü?
Waun wors des letzte Moi gaunz stü?
I wü dei Herz laut klopfn hern
I wü dei Herzklopfen hern
Der Moment, kennst du des waun wos rennt?
Und du bisd mittn drin und olles mocht an Sinn?"
(Poxrucker Sisters, 2016)

Und plötzlich machte alles Sinn und mir wurde bewusst, dass manche Stürme im Leben nicht einfach aufziehen um zu zerstören. Sondern um den Weg frei zu machen.

Übrigens: Nach meinem langen Weg hin zum Ankommen sollte in Zukunft endlich wieder mehr mein geliebter Reitsport im Vordergrund stehen dürfen. Das Hochzeitsgeschenk, das Björn und ich uns gegenseitig gemacht haben, waren also zwei „Pferdekinder". Zwei Absetzer. Ein Dressurler und ein Paint. Das coole „Cowboypony" und das Dressurpferd sollten bei uns eine wundervolle Pferdekindheit und Ausbildung genießen dürfen, dabei alles kennenlernen – und sich gegenseitig ergänzen. So, wie Björn und ich es tun. Und damit den Grundstock legen für eine große, schöne Zukunft im Sattel. Für Björn so, wie er es kennen und lieben gelernt hat. Und für mich als auch pferdetechnisches Happy End, nach dem ich so lange vergebens strebte.

Denn noch eines habe ich auf meinem Weg lernen dürfen. Gute Pferde kann man nicht so einfach kaufen. Man macht sie sich selbst.

The (happy) End.

WIDMUNG | SCHLUSSWORT

Dieses Buch, dessen Zeilen direkt meinem tiefsten Herzen entspringen, ist für meine Tiere – meine treuesten Gefährten. Für all jene, die den eigentlich viel zu schweren Weg unermüdlich an meiner Seite gegangen sind, Schritt für Schritt, bis zum Ziel.
Für die, die vorher waren und mich geprägt haben.
Für die, die heute bei mir sind und mein Herz halten.
Für die, die noch kommen und mein Leben weiter füllen werden.
In grenzenloser Liebe zu euch – in Gesundheit und Krankheit, in Freude und Schmerz, auf Erden und im Himmel..
Ihr seid mein Zuhause.
Und dieses Buch ist für meinen geliebten Ehemann Björn. Weil er mich während dieser zuletzt sehr, sehr traurigen Zeit niemals alleine gelassen hat. Und auch nicht während all der Stürme zuvor, die da vor uns aufzogen. Weil er mich wachsen lässt, anstatt mich klein zu halten. Weil er die Liebe meines Lebens ist – und damit die Mayo zu meinen Pommes.
Oder vielmehr: der Gurt zu meinem Sattel. Für immer.
Last but noch least ist dieses Buch für meine Familie. Papa, Mama & Sabine. Weil wir immer zusammenhalten, egal, was kommt. Und ich sie alle ganz unendlich liebe.

SERVICE

NÜTZLICHE ADRESSEN

Manuela Handke
Tierfotografie & Social Media mit Herz

@neversellyoursaddle

@neversellyourcamera

Kontakt:
manu@neversellyoursaddle.de
www.neversellyoursaddle.de

ZUM WEITERLESEN

Behling, Silke: **Pferderassen**; KOSMOS 2024
Vom Shetland Pony bis zum Shire Horse, vom Hannoveraner bis zum Andalusier – dieses kompakte Nachschlagewerk informiert kompetent über die bekanntesten und beliebtesten Pferderassen aller Welt. Kurzporträts mit rassetypischen Fotos und Größenskala geben einen schnellen Überblick über Aussehen, Herkunft und Besonderheiten der einzelnen Rassen und helfen bei der Auswahl des richtigen Pferdes.

Beran, Anja: **Aus Respekt!**, Reiten zum Wohle des Pferdes; Edition WuWei bei KOSMOS 2017
Mit diesem Buch ist Anja Beran ein grundlegendes Werk gelungen. Ob Anfänger oder fortgeschrittener Dressurreiter – hier findet jeder unverzichtbares Basiswissen, angefangen vom mentalen und körperlichen Rüstzeug für den Reiter bis hin zur pferdegerechten Ausbildung. Auch als E-Book erhältlich.

Jones, Janet: **Horse Brain, Human Brain**; Erkenntnisse aus der Neurowissenschaft - Wie Pferd und Mensch denken, fühlen, handeln. KOSMOS 2022
Das Gehirn steuert das Verhalten – beim Pferd ebenso wie beim Menschen. Die Neurowissenschaftlerin und erfolgreiche Trainerin Janet Jones erklärt leicht verständlich die Gemeinsamkeiten und Unterschiede zwischen den Gehirnen von Mensch und Pferd und zeigt, wie man dieses Wissen anwendet, um Ausbildung, Training und Umgang effizient und lösungsorientiert zu gestalten.

Krüger-Degener, Anne: **Glückschmiede für Pferde**; HarmoniLogie – Ausbildung ohne Missverständnisse; KOSMOS 2022
Anne Krüger-Degeners HarmonieLogie®-Methode ist ein einzigartiges Konzept zum vertrauensvollen Umgang mit Pferden. In diesem Buch zeigt sie, wie Kommunikation gelingt. Praxisnah und mit vielen Beispielen wird erklärt, wie man die körpersprachlichen Signale des Pferdes richtig liest. Dabei zählen Beobachtung und Einfühlungsvermögen, nicht Interpretation. So werden Missverständnisse vermieden, man lernt die eigene Kör-

persprache richtig einzusetzen und es entsteht ein echter Dialog. Das Pferd ist motiviert und zeigt beim Training die gewünschte Reaktion. Pferdeausbildung mit der HarmonieLogie®: dem Menschen zur Freude, dem Tiere zum Glück – und andersherum!
Mit einem Vorwort von Doppel-Olympiasiegerin Jessica von Bredow Werndl

Draaisma, Rachaël: **Calming Signals**; KOSMOS 2025
Calming Signals – Beschwichtigungssignale – sind für Tiere, die von Natur aus in Gruppen leben, besonders wichtig. Neueste Erkenntnisse zeigen: Auch Pferde nutzen diese Signale, um ihre Emotionen sowie ihr Stressniveau mitzuteilen und Konflikte zu vermeiden. In diesem praktischen Buch zeigt Hunde- und Pferdetrainerin Rachaël Draaisma, wie Pferdehalter diese Signale bei ihrem Tier erkennen, sie deuten und damit umgehen können.

Hackl, Bernd / Rester, Kerstin: Probleme sind lösbar; Regeln & Routinen im Pferdetraining – So meistert ihr Alltagssituationen. KOSMOS 2025
Jedes Pferd ist anders – wie jeder Reiter auch. Die meisten Pferde haben „Eigenarten", die man noch nicht als Verhaltensauffälligkeit einordnen würde, die aber nerven und die die gemeinsame Zeit vermiesen. Dabei sind viele Probleme recht leicht zu lösen, wenn man weiß, wie. Anhand von realen Problemfällen zeigen Bernd Hackl und Kerstin Rester, welche Ursachen zu auffälligem Verhalten führen und wie diese behoben werden können. Auch bei hartnäckigen Fällen haben die Profis Ideen, die zu einer deutlichen Verbesserung im Miteinander führen - geprägt von Einfühlungsvermögen und Konsequenz, wo es nötig ist.

Heger, Marie: **Think free** – Pferdegerechte Kommunikation; So gelingt die Verständigung zwischen Mensch & Pferd. KOSMOS 2023
Ohne Kommunikation geht nichts. Was zwischen Menschen schon mitunter schwierig ist, nimmt zwischen Mensch und Pferd noch eine ganz andere Dimension ein. Begleiten Sie Marie Heger bei ihrer Beziehungsarbeit, die auf gelingender Kommunikation beruht, und lernen Sie, Ihren eigenen Körper besser wahrzunehmen und achtsam einzusetzen.
Bei dieser Art der Pferdeausbildung begegnen sich zwei Individuen in

einem Dialog, der von Respekt für die Natur des Pferdes, Selbstreflexion und Empathie geprägt ist.

Lubetzki, Marc: **Im Kreis der Herde**; Von wilden Pferden lernen; KOSMOS 2019
Tierfilmer Marc Lubetzki beobachtet und filmt seit 2012 ausschließlich Wildpferde. Während der Dreharbeiten wird er selbst Teil der Herde. Wie er das Vertrauen der Tiere gewinnt, und welche Schlüsse er aus seinen einzigartigen Beobachtungen zieht, beschreibt er in diesem Buch. Es gelingt ihm, Missverständnisse wie z.B. die Leithengst-Lüge aufzuklären und dadurch neue Anregungen für die Haltung und den Umgang mit Hauspferden zu geben.

Lubetzki, Marc: **Im Gespräch mit wilden Pferden**; Natürlich kommunizieren – die Koniks machen es uns vor, KOSMOS 2022
Im zweiten Buch von Marc Lubetzki geht es um die Entschlüsselung der Pferdesprache und um den vertrauensvollen Austausch zwischen Mensch und Pferd. Marc Lubetzki erklärt Verhalten und Körpersprache der Wildpferde und zeigt, wie uns Menschen die Annäherung gelingt, wenn wir das Vertrauen der Pferde gewinnen und in einen echten Dialog mit ihnen treten.

Meyners, Eckhart / Eschenhorst, Kathrin / Schreiber-Jetzinger, Roswitha: **Verbessere dein Reiten**; Finde die Lösung für Pferd und Reiter mit dem 6-Punkte-Programm; KOSMOS 2024
Reiten lernt man sein Leben lang – je handlungsorientierter die Anleitungen sind, desto konkreter gelingt es, besser zu werden. Sportpädagoge Eckart Meyners und seine Kolleginnen Katrin Eschenhorst und Roswitha Schreiber-Jetzinger zeigen eine moderne Lernmethodik. Welche Zielsetzungen sind wichtig? Was hilft bei der Fehleranalyse? Welche Übungen sind in der konkreten Situation richtig?

Nölke, Marc: **Neuroathletik für Reiter**; Das Neuro-Rider-Trainingsprogramm; KOSMOS 2022
Mit diesem Buch wird man ein besserer Reiter, ohne dafür Reiten zu üben. Denn Neuro-Athletik verbessert die Reittechnik durch Übungen fürs

Gehirn. Die Methode des Erfolgstrainers Mark Nölke trainiert gezielt jene Gehirnareale, die für Stabilität, Rhythmusgefühl, Bewegungspräzision und die Sehzentrale zuständig sind. So werden Beweglichkeit und Körperhaltung verbessert, Muskelprobleme gelöst, die Konzentrationsfähigkeit gestärkt und sogar Ängste und Traumata überwunden.

Rashid, Mark: **Denn Pferde lügen nicht**; Neue Wege zu einer vertrauten Mensch-Pferd-Beziehung; KOSMOS 2012
Als einer der bekanntesten und erfahrensten Pferdeausbilder Nordamerikas, setzt Mark Rashid in seiner Arbeit mit Pferden auf Respekt und Vertrauen anstelle von absoluter Dominanz.
Auch als E-Book erhältlich.

Seib, Catherin: **Wahre Freundschaft mit Pferden**; Erlebnisse einer Tierkommunikatorin. KOSMOS 2022
Tierkommunikatorin Catherin Seib kommuniziert auf telepathischem Wege mit Pferden und gibt diese Fähigkeit in ihren Kursen weiter. In ihrem Buch erzählt sie berührende, verblüffende und aufklärende Erlebnisse und Fallbeispiele aus ihrer täglichen Praxis. Ihre Erfahrungen machen Mut, auch unkonventionelle Wege zu gehen, die eigene Empathie und Intuition zu stärken und auf sein Pferd zu hören.

Tellington-Jones, Linda: **Vertrauen stärken mit Tellington Training**; KOSMOS 2023
Das Praxisbuch der berühmten Pferdetrainerin Linda Tellington-Jones ist der perfekte Einstieg in die erfolgreiche Therapieform und das partnerschaftliche Training mit dem Pferd. Detailgenaue Schritt-für-Schritt-Anleitungen machen es leicht, TTouches und die Bodenarbeit kennenzulernen und mit dem eigenen Pferd auszuprobieren. Körperarbeit und Ausbildung fördern die Leistungsbereitschaft beim Pferd und die Tiere sind ausgeglichener und gesünder. Die richtige Methode für alle Reiterinnen und Reiter, die das Beste für ihren Schützling wollen.

BILDNACHWEIS

91 Farbfotos von Manuela Handke / privat.

IMPRESSUM

Umschlaggestaltung von Editorialdesign GRAMISCI, Isabelle Fischer,
unter Verwendung von 4 Farbfotos von Manuela Handke.

Mit 95 Farbfotos.

> Alle Angaben in diesem Buch erfolgen nach bestem Wissen und Gewissen. Sorgfalt bei der Umsetzung ist indes dennoch geboten. Der Verlag und die Autorin übernehmen keinerlei Haftung für Personen-, Sach- oder Vermögensschäden, die aus der Anwendung der vorgestellten Materialien, Methoden oder Informationen entstehen könnten.

Gedruckt auf chlorfrei gebleichtem Papier

ISBN 978-3-440-18425-7
Redaktion: Katja Pauls
Gestaltung und Satz: DOPPELPUNKT, Stuttgart
Produktion: Claudia Frank
Druck und Bindung: Friedrich Pustet GmbH & Co. KG, Regensburg
Printed in Germany / Imprimé en Allemagne

FSC
www.fsc.org
MIX
Papier | Fördert gute Waldnutzung
FSC® C014889